魂の森を行け

3000万本の木を
植えた男の物語

一志治夫

集英社インターナショナル

魂の森を行け

3000万本の木を植えた男の物語

魂の森を行け
3000万本の木を植えた男の物語

contents

在りし日のラインホルト・チュクセン Reinhold Tuexenドイツ国立植生図研究所所長（撮影・宮脇昭）

プロローグ

魂の森をつくる男

混ぜる、混ぜる、混ぜる。好きなやつだけは集めない

朝8時少し前、グラウンドに到着した宮脇昭は、革靴から長靴に履き替え、農作業時に使うようなつばの広い麦わら帽子をかぶる。腰には白手ぬぐいをぶら下げている。遠目には大学の名誉教授という風情は微塵《みじん》もうかがえない。けれども、麦わら帽子の下には、エネルギーに満ちた、人を射るような鋭い眼が隠れている。圧倒的な精気を発している。何らかの使命を帯びて、何かにせかされて、ただ一点に向かって突き進んでいくような、そんな力強さをたたえている。

グラウンドの正面に見える出雲・北山《きたやま》は、一見すると緑豊かな木々をたたえた山のようである。しかし、よく目をこらして見ると、中腹のところどころにまるで穴があいたような欠落箇所があるのがわかる。緑の葉や紅葉した葉はなく、代わりに帯状に葉のな

い木が点在しているのだ。木からは枯れた枝が寂しげに伸びている。マツ枯れである。

日本全国で蔓延しているマツ枯れは、とりわけ中国地方において顕著で、岡山、広島などでは枯れたマツによる山火事が頻繁に起きていた。ここ島根県出雲市の北山でもまた、マツ枯れが着実に進行しつつあった。

２００２年11月23日朝、その北山のすぐ鼻先にあるオムロン出雲のグラウンドには徐々に出雲市民が集まり始めている。

「２００２出雲ふるさとの森植樹祭」の垂れ幕が初冬の青空に浮かび上がる。グラウンドには少し霜がおり、雑草を濡らしていた。

ほどなく、リーダーと呼ばれる地元森林組合の中高年の人々十数人が本部テントの前に招集され、麦わら帽子の宮脇を取り囲む。宮脇は、ハンドスピーカーのマイクを握り、やや早口で、しかし説き伏せるように語り始める。

「北山は、昔は上の方にだけマツがあって、下の方は常緑の広葉樹があったわけですが、戦後非常にマツが多くなって、いまマツクイムシとかいろんな問題を引き起こしていますし、当然マツの下には下草が出ないので、昔、上の方にいた猪や鹿が下にまで出てきて農家の作物にまで被害を与える。是非、もう一度この北山本来の森に返そうというのが今回の目的でございます。したがって、本来の森の主役である木、それがいまここに

「……」
と言って、宮脇は高さ40センチほどのタブノキのポット苗を手にする。誰にでも手軽にそして失敗なく植樹できるようにと宮脇自身が考案したポット苗である。

薄いビニールの鉢のポット苗そのものは既に存在していたが、高木《こうぼく》のポット苗は宮脇の発案によるものだった。シイ、タブ、カシ類などの常緑高木は、深根性《しんこんせい》直根性《ちょっこんせい》であるため、成木の移植は難しく、根を充満させたポット苗を使うようにしたのだ。ポットの中では外に出るのを待ちわびるかのように支根《しこん》がパンパンに張っている。

「出雲から日本海側を西に浜田、逆に日本海側を北に上がって酒田、その北隣に遊佐《ゆさ》という町がありますが、そこまではこのタブノキの森があります。タブノキは水分条件のいいところによく育つわけですが……」

宮脇は手にしたタブノキのポット苗をリーダーたちに回し始める。そして、同様に、スダジイ、アラカシ、シラカシなどの苗を見せ、説明していく。

宮脇の声には次第に力がこもっていく。リーダー同士がちょっとでもお喋《しゃべ》りに興じているとすかさず、

「リーダーの方、ちゃんと覚えてくださいね。子どもが必ず訊いてきますから」

とぴしゃりとくぎをさす。そして、リーダーのひとりに向かって、

「はい、これがアカガシです。みなさんに見せて、上に上げて大声で言ってください」

と木の名前を連呼させる。その宮脇の勢いに気圧《けお》されて、リーダーも、

「アカガシ、アカガシ、アカガシ」

と大声で言わざるをえない。

木の種類の説明が終わると、今度は植え方である。

「木材を生産するときには、規格が大事ですから、同じ種類のものを管理しやすいように等間隔で筋に植える。ところが、自然の多様性を回復する、ふるさとの森をつくる場合には、自然の森のように、できるだけいろんな種類が混ざった方がいいわけです。混ぜる、混ぜる、混ぜる、混ぜる！　これがこの生物社会の掟《おきて》。健全な社会というのは、好きなやつだけは集めない。人間も同じであります。とにかく混ぜる、混ぜる、混ぜる、混ぜる、です」

「混ぜる、混ぜる、混ぜる」は宮脇の口癖だ。講演でも、こういった植樹祭でも、必ず一度は口にする。「混ぜる」と1回言うのではなく、いつも3回続けて早口で言う。岡山訛《なま》りだろうか、「混ぜる」の「ぜ」が「じぇ」に聞こえ、少しユーモラスな感じがする。

「混ぜる」は宮脇理論の根幹をなすひとつの大事な要素だ。1種類の木を等間隔で植えるのではなく、高木や亜高木《あこうぼく》など何種類もの木を不規則に植えることで、競争、我慢、

共生をさせ、高木、亜高木、低木《ていぼく》、下草《したくさ》が豊かに育つ森を作るのである。

この日、出雲・北山の植樹祭のために用意された樹木は、高木と中低木《ちゅうていぼく》を合わせて実に35種類、7000本。高木6000本に対し、中木《ちゅうぼく》が1000本である。森の主役となるのは、シラカシ、アラカシ、イチイガシ、タブノキ、スダジイなどの高木の常緑広葉樹。この5種類だけで、高木の60パーセント以上、全体のおよそ50パーセントを占める。これらの樹木の種類と割合の指定を行うのは、もちろん宮脇自身だ。宮脇には、これらの樹木を混ぜて植えれば、着実に緑豊かな森になるという絶対的な裏づけがある。最初の3年間だけ草を取るなど成長の手助けを行えば、それ以降、ほとんど人間の手をわずらわさず、自力で繁り合う森をつくってきたという実績があるのだ。

宮脇は、1980年から1989年まで、1年に1冊、『日本植生誌』を刊行している。南は沖縄、小笠原から北は北海道まで日本列島の植生を調べ上げた全10巻重さ35キロ、本文6000ページの労作だ。全国各地の大学から116名もの植物学者が参加し、宮脇に協力した。

『日本植生誌』には、現在その土地に生育している樹林などを表す現存植生のみならず、いま、人間活動の影響をすべて止めたときに、その土地本来の森は何であるかを探り、かつてその土地に生えていた木による土地本来の森を表す潜在自然植生が記され、植生図化されている。

宮脇の卓抜した能力のひとつは、その失われた、目に見えぬ土地本来の木々の声を聴きとることにある。

宮脇昭は、１９５8年から2年余、ドイツに留学し、国立植生図研究所の所長ラインホルト・チュクセン教授から徹底的に指導を受け、その後も断続的に渡独、植物社会学と潜在自然植生を学んでいる。チュクセン教授は、宮脇が渡独する直前、潜在自然植生に関する論文を世界で初めて発表していた。それまで、人間が影響を加える前の「原植生」と人間の生活によって変えられてしまった「現存植生」のふたつの植生概念しかなかったところに、チュクセンは、「潜在自然植生」という新たな概念を加えたのである。

仮にいま、人間の影響をすべて停止したとしても、長い間の人間活動によって、立地や環境が変えられている可能性があり、原植生が再現されるとは限らない。もし人間の影響がなくなった場合、その土地の自然環境の総和がどのような自然植生を支える能力を持っているかを理論的に考察するという概念が潜在自然植生である。

出雲・北山にこれから植えられようとしていた樹木は、まさに、その潜在自然植生に基づいた土地本来の木だった。

リーダーたちに対する植樹の説明が終わる頃、グラウンドには続々と市内の小学生、中学生たちが集まり始めていた。

式典が始まる。出雲市長や市議会議長らの挨拶に続いて、宮脇が司会者に促されてグラウンドに設けられた壇上に立つ。宮脇はいつものように、よどみなく、一気に言葉をつなげていく。

「いままでは木材生産、スギ、ヒノキ、マツ、カラマツを一生懸命植えてきたわけです。そして一方、都市の中では花いっぱい運動のような美しく見せるという意味での木を植える目的もあります。みなさんに昨年来植えていただいているのは、出雲市の一番大事な背骨の緑でございます。かつては冬も緑の常緑で覆われていて、尾根筋のようなところにだけマツがあったわけです。ところが、いま中国地方で調べますと、本来マツの生育する場所の250倍以上に増えているわけです。自然というのは、ある種類が足りなくなっても、少なくなっても大変ですが、増えすぎるというのはむしろ危険であります。ま、人間も注意しなければいけないわけです」

「いまから27年前に、遙か北の日本海岸沿いの酒田市で大火事があって、街の1400の家が焼けてしまったときに、北の端の本間家という古いお家にこのタブの木が2本ありました。そこであの大火事は止まっているわけです。私たちの調査結果を踏まえて、酒田市長のタブノキ1本消防車1台というかけ声で、いまから10年前に下水処理場の周りや小学校の周りに植えていただいたのがいま8メートルの見事な火防木《ひぶせぎ》、防災環境保全林になっています」

タブノキのポット苗を掲げながら、壇上から宮脇が大きな声で訴える。

「北山の、出雲の一番本命の木は、火事にも、地震にも、台風にも長持ちするものは何であるか、大きな声で言っていただきます。タブノキ！　タブノキ！　タブノキ！」

「はい、じゃあ誰かこのタブノキを取りに来て」

と言う。ひとりの中学生が恥ずかしそうに壇の前に出てくる。宮脇は、中学生にその掲げたタブノキのポット苗を手渡し、「3回大きな声で言ってください！」と勢い込んで促す。宮脇の言葉に押されるかのように中学生が「タブノキ！　タブノキ！　タブノキ！」とがなる。そうやって、数種のポット苗を渡し、中学生と同じように取りに来た者に連呼させた。

宮脇は、話の結びに力強く、こう訴えかける。

「生き物は、人の話を聞いても、本を読んでもダメ。現場で目で見、手で触れ、匂いを嗅ぎ、触って、なめて初めてわかる。今日、植えて初めてわかります」

宮脇の挨拶が終わると、すぐにグラウンドから向かいの北山への移動が始まった。

750名の小中学生、その引率者に交じって、宮脇も登り出す。ぬかるんだ急斜面も意に介さず宮脇はぐんぐん登っていく。

普段は林業の人々しか使わない獣道《けものみち》のような細い山道には、小学生でも登れるようにと新たに丸太の階段が敷設されている。30分ほど歩き続けると、山頂から少し下がった植栽現場に到着する。現場には、既に7000本のポット苗が置かれてある。マツ枯れで切られたばかりのマツの株がところどころに残っている。階段もポット苗の準備もマツの伐採も30人の地元の森林組合や市の職員たちが1カ月前から準備し続けたものだった。宮脇には、そんな多くの人を動かす力もそなわっている。宮脇に言われたらやらざるをえない、そんな感じで多くの人が突き動かされていく。

現場に着くなり、宮脇は急斜面を上へ下へと飛び回る。リーダーたちに檄《げき》を飛ばす。小中学生たちに植え方を説明する。自らも植える。とり憑《つ》かれたように苗木の周りを行き来するのだ。そこには、74歳の老人の匂いはまるでない。

その宮脇の情熱に動かされるかのように、作業は1時間足らずであっという間に終了した。7000本の苗木が5000平方メートルの北山の斜面に植え込まれた。やがて、この苗木の斜面は、緑豊かな森へと変化し始めるのだろう。土砂崩れを起こさない、豊かな水と空気を生む森へと生まれ変わっていくのだ。

宮脇は、こんなふうにして、実に海外を含めて約１２００カ所で木を植え続けてきた。

宮脇が願うのは、「ふるさとの木によるふるさとの森」の再生である。

宮脇はこう思う。

人間固有の豊かな知性も感性も、何よりも大事な遺伝子も、宿主である植物の寄生虫の立場でしか維持できない。鎮守の森に象徴されるふるさとの森は、格好はいいが長持ちしないばかりか永遠に管理費のかかるゴルフ場の芝のような植物に比べ、30倍もの緑の表面積を有している。それにより、計り知れない防音機能、集塵機能、空気の浄化機能、水質浄化機能、保水機能を持っている。現在問題になっている地球温暖化の元凶であるカーボンの吸収固定能力に至っては、数百倍に及ぶ。日本人が４０００年来、知ってか知らずか、新しい生活域を作る際に、つくり守ってきたふるさとの木によるふるさとの森、鎮守の森をいまこそ、今日のため、明日のため、我々の愛する人のために、生まれてくる次世代の人たちのために、ともに額に汗して土に接し、遺伝子の森をつくっていかなければならない。これが自分の限られた人生を最後まで生き抜くための最も重要な課題なのだ。何よりも自然は奥深い。植樹にしても普通だいたい同じことは１００回もやれば飽きてしまうだろう。ところが、緑の再生、森づくりという命のドラマは、何百回行っても、そのたびに新しい魅力、新しい問題点、そして何よりも新しい感銘を受ける。本物の森こそ命の原点なのだ——。

宮脇は、植樹を行うたびにそんなふうに感じていた。宮脇昭を突き動かすのは、毎回味わうそんな新鮮な感覚だった。

1章　雑草をめぐる旅

神は貧しき者にも、王様にも同じように24時間365日を与えている

『ラウンケーの生活形による雑草群落の研究』——。

宮脇昭の広島文理科大学（現・広島大学理学部）の卒業論文である。

発表直後の1952年3月、『毎日新聞』大阪版学芸欄には、「若き雑草学徒ラウンケーの学説に挑む」という見出しで、写真入りの記事が掲載された。ラウンケーの生活形は、生き物がいかに厳しい条件下で耐え、厳しい冬をどう越すかを示すもので、宮脇は、雑草群落の生活形について著した。それがなぜか3段抜きの記事で新聞に取り上げられたのだ。上級生たちからは「なぜお前が取り上げられるのだ」と驚かれたり、冷やかされたりした。宮脇にもいまとなってはなぜ取材されたのかはわからない。おそらく、指導教官の口添えがあったのだろう、と思う。

広島文理科大学時代、宮脇昭の指導教授となったのは堀川芳雄である。堀川からは分類学と植物生態地理学を学んだが、堀川もまた現場第一主義の学者だった。野外実習は実に頻繁に行われた。近くは宮島、ときには木曽駒ヶ岳にまでも足を延ばした。

2年生のときに行った紀伊半島の実習では、ちょっとしたアクシデントにみまわれた。海岸沿いの植生を調べるため、バスで田辺の海岸から川沿いに山に向かっている途中のことだ。たまたま台風が去ったばかりで、山の土壌がゆるんでいて、堀川や宮脇ら学生が乗ったバスが崖崩れに遭ったのだ。山の間をぬうように走る道路からバスは3回転して谷底に呑み込まれた。車内は一瞬真っ暗になり、荷物という荷物が散乱する。全員が近くの病院に担ぎ込まれた。幸い死者こそ出なかったが、堀川は足を骨折していた。宮脇は、体重が軽かったこともあって、人の上に落ちて無傷だった。いずれにしても、野外実習はこれで中止になるもの、と誰もが思う。しかし、堀川の右腕である鈴木兵二助教授に向かって、ベッドの上から発した堀川の言葉は驚くべきものだった。

「わしは足を折って行けないけれど、鈴木、お前はみんなを連れて続行しろ」

他にも軽傷を負ったものがいるにもかかわらず、一晩明けて再び調査に出ることになったのである。堀川はそんな教官だった。宮脇は、現場第一に徹する姿勢を堀川から学んだ。

まもなく2年生が終わろうという正月2日、宮脇は、その堀川宅を訪問し、雑煮をご馳走になった。そのとき堀川は宮脇にこう尋ねた。

「おい、宮脇、いよいよ3年生になったら卒業論文だが、何をやるか」

宮脇は躊躇《ちゅうちょ》なく答えた。

「私は、雑草生態学をやります」

堀川は宮脇の顔をじっと見つめ、こう言った。

「おお、雑草か。それは大事だぞ。理学と農学の接点で人はあまりやっていない。ただ宮脇、雑草生態学なんかやったら一生日の目を見ないし、たぶん誰にも相手にされない。しかし、君が生涯をかける気ならやりなさい」

宮脇はこののち、堀川のこの言葉は間違っていなかった、ということを痛感する。実際、雑草は、世間はもちろん学界の誰からも相手にされなかったのである。

宮脇の雑草との出会いは、幼少の頃にさかのぼる。

宮脇昭は、１９２８年岡山県北西部の川上郡吹屋町中野（現・成羽町《なりわちょう》）で6人兄弟の4男として生まれた。生家は、海抜４５０メートルの吉備高原にある人口わずか１２０人ほどの小さな村落で農業を営んでいた。多くの村人の主食は麦と米が8対2で、少し恵まれていた宮脇の家でも米7に麦3だった。鰹節《かつおぶし》をその上にかけて食べられれば幸せという食生活だった。決して豊かとは言えない土地柄だった。

宮脇は、幼い頃から体が弱く、3歳のときには脊椎カリエスを患《わずら》っている。腎臓にも疾患があった。そのせいもあって、自宅の2階の窓から、ぼーっと外を眺めていることが多かった。

庭の前には畑が広がり、その前にはアカマツ林があり、その遙か向こうもまたマツ林だった。その尾根筋に生えたマツ林が汽車の形に見えたのを思い出す。山の裾野には、コナラ、クヌギ、ヤマザクラなどからなる典型的な里山の雑木林が続いていた。

梅雨の前後、少年が2階の窓からしばしば目にしたのは、腰に編んだ古いぼろ布をぶら下げ一心に草を取る近くの農家の人々の姿だった。ぼろ布には火がつけられ煙が燻《くすぶ》っていた。ブヨや蚊をよけるためである。腰を曲げ、夏の直射日光を背中に受けながら、這いずるようにして雑草を取る姿は、幼心にも農民たちの労苦をうかがわせた。田んぼの泥水にいるヒルと格闘しながらの年3回の雑草取りは、宮脇の記憶の中に深く刻み込まれた。もちろん、そのときはそれらの水田雑草がウリカワ、コナギであることなど知るはずもなかったのだが。ただ、雑草取りをしないで、米づくりができたらどんなにいいだろう、と少年ながらに願ったのは覚えている。

雑草をテーマに選んだのには、そんな体験も少なからず影響している。

宮脇は、広島文理科大学の卒論を仕上げたのちも、変わらず雑草研究に没入し続ける。ただし、卒論は提出したものの、宮脇には卒業後の進路はまだ見えていなかった。将来は模糊《もこ》としたままだった。

そもそも、宮脇は、広島文理科大学に入る前から曲折の道を歩んでいる。中学こそ地元の新見農林学校へと進んだが、何としても東京の学校へ行きたいと思っていた宮脇は、その後、東京高等農林（現・東京農工大学）生物科の教育養成科に進み、生物の教師になることを決意する。1944年のことだ。

翌45年2月、宮脇は受験のため、汽車を乗り継ぎ東京へと向かった。しかし、空襲のため、東海道本線は名古屋の手前で汽車が止まってしまい、結局受験会場には辿り着けない。意気消沈して帰郷した。が、その1カ月後、新見農林学校の担任が東京高等農林に事情を記した手紙を書き再受験を懇請、可能になる。試験日は、45年3月10日に決まった。

岡山から日本海側経由で三日三晩汽車を乗り継ぎ、ようやく埼玉の浦和に住む長兄の家に辿り着いたのは、3月9日の夕刻だった。

その日の夜半過ぎ、眠りについた宮脇の耳に空襲警報のサイレンが飛び込んでくる。2階の窓から見た南の空は、真っ赤に染まっていた。死者約10万人を出した3月10日の東京大空襲である。

翌朝、宮脇は、それでも東京高等農林のある府中を目指す。近くに住む東京都の交通局長である義姉の夫と、実兄の3人で浦和を出て、徒歩で都内へと向かった。頭には防空頭巾をかぶり、足には巻脚絆《まききゃはん》をつけて、炭化している死体を避けながら線路上をひたすら歩いた。都内に向かう電車という電車は、前夜の焼夷弾《しょういだん》攻撃でほとんど不通になっていた。兄と義姉の夫と新宿で別れ、そこからはかろうじて走っていた中央線に乗った。東京高等農林に着くと、教務課長が待っていて、たったひとりだけの試験が行われた。すぐに採点が行われ、ほどなく教務課長から「合格しました」と伝えられる。東京中が焦土と化した東京大空襲のあったその日に受験をすませ、合格してしまったのである。

宮脇は、こののち3年間、東京高等農林に通う。

終戦前後の東京にはとにかく食べ物がなかった。ところが高等農林の裏には実習用の畑があって、そこにはサツマイモが植えられていた。飢えが耐え難くなると、友人たちとともに、夜半、前日の農学実習で当たりをつけておいた実習畑にしばしばサツマイモを盗みに入った。爪の間の黒土を気にしながら掘ったサツマイモは、友人の下宿の電気コンロで飯盒《はんごう》に入れてふかして食べた。

あるとき、同室の友人浄徳隆《じょうとくたかし》とふたりでサツマイモをふかしていると、近くに住む京都出身の野田浩が「田舎から食料を送ってきたから食べないか」と呼びに来た。ふかしたてのイモを新聞紙にくるみ、押し入れに投げ入れ、電熱器をしまい、友人宅に出かけた。食べられるチャンスがあるときには何でも腹に入れておく習慣がいつの間にか身についていたのだ。

しばらくすると、外でガンガンと半鐘が鳴り始める。表に出て見ると、自分たちの下宿から勢いよく火が噴き出している。慌てて戻り水をかけたが、火の勢いには勝てなかった。全焼だった。呆然とたたずんでいると、ハンチングをかぶった男が「君が宮脇君か、ちょっと来てくれ」と話しかけてきた。ふたりが連れて行かれたのは、府中警察署だった。目の前に真っ黒に焼けただれた電熱器が差し出される。「どうも、これが原因らしい。君たち、泊まるところもないだろうから一晩泊まっていかないか」と刑事は言った。ふたりが通されたのは、小さな窓がひとつあるシラミだらけの留置場だった。ああ、これで俺の人生も終わりか、田舎に帰って農家を継げば親父も安心してくれるだろうなどと思いを巡らせ、宮脇は意気消沈の一夜を過ごした。

翌日釈放され下宿に戻ると、下宿の大家のおばさんから「あんたたち、賠償してくれないと困るわよ」と文句を言われたが、結局それっきりだった。宮脇は東京を去ることを決意する。失火のせいではなく、「とにかく東京は腹がすいてたまらない」と思ったからである。

卒業後、宮脇は、新制高校となった母校の新見農林高等学校の生物と英語の教師となる。しかし、教職についている間に、宮脇の中では、もっと自分のために勉強をしたいという思いが次第にふくらんでいく。わずか1年で教職を辞した宮脇は、こうして広島文理科大学の生物学科植物学専攻に入学したのである。1949年のことだった。

　広島文理科大学を卒業する段になって、宮脇は、福田八十楠教授から進路を尋ねられ、こう答えていた。

「堀川先生から横浜国大の助手はどうかと言われたけれど、ちょっと無理のようですので、田舎に帰って中学の教師をやろうと思うんです」

中学教師をのんびりとやるのもいいかな、と宮脇は本気で考えていたのだ。

福田は、間髪《かんはつ》を容《い》れずこう言い返した。

「宮脇君、君は中学校の教師をするタイプじゃない。僕について東京にいらっしゃい」

日を移さず、宮脇は、福田とともに東京大学へと向かった。道中、福田は、こんなふうに言った。

「中学の先生なんかいつでもできるけれど、君はもうちょっと勉強しなきゃいけない。堀川君なんか相手にしているからダメなんだ。僕についてくればいい」

東京で引き合わされたのは、東大教授で植物学会長をしていた小倉謙だった。すぐに口頭試問が行われ、東大大学院への入学が決まった。所属は植物形態学を専門とする形態学研究室だった。植物の細胞を顕微鏡で覗くミクロの世界である。宮脇自身は、あまり自分向きではないな、と思いつつも、与えられたことを懸命にこなしていく。

宮脇は、常に何かをやり始めたらがむしゃらだった。脇目もふらずに集中できるのである。時間を無駄にするのが大嫌いだった。

それは10代のときのある体験がもとになっている。

在籍していた新見農林学校は全寮制で、毎晩8時から10時までの2時間が自習時間と決められていた。畳の大部屋で寮生が並んで一斉にノートを開くのである。しかし、入学してしばらくすると、同じようにやっているのに勉強のできない者が出てくる。宮脇はそれが不思議で仕方なく、あるとき、そのできないひとりが自習時間に何をやっているかを盗み見ていたことがあった。すると、その生徒は、鉛筆を削っては筆箱に入れ、また出すといった所作を繰り返していたのだ。そのとき宮脇は、神は貧しき者にも王様にも同じように24時間365日を与えている、結局それをどう使い切るかなんだな、と悟った。それ以来、宮脇は一切無為に時間を過ごさなくなった。

東大の形態学研究室に通い始めて1カ月が過ぎた頃、広島文理科大の堀川から連絡が入る。「横浜国大の教授会で君を文部教官学芸学部助手に採用することが決まったから、横浜国大に行け」と言ってきたのだ。宮脇は、それはそれでいいかな、と思った。何よりも毎月定収入のあることがありがたかった。しかし、すぐに東大出の広島文理科大の下斗米直昌教室主任教授が飛んできて、「宮脇君、困りますねえ、東京大学をどう思ってますか。君は東京大学の大学院の学生になったのに、堀川君が言ったからってやめて横浜国大に行くなんてけしからんじゃないか。このまま東大にいなさい」と小言を言われた。

当然、形態学研究室の小倉謙からも質《ただ》される。

「宮脇君、どうするか。新制大学の助手や助教授にはいつでもなれるんだから、もう少し勉強したらいいんじゃないですか」

宮脇は自分の考えをこんなふうに言った。

「先生の勉強も好きですけど、野外の植物の生態調査を是非やりたいと思います。それに経済的な問題もありますから」

顕微鏡に向かう日々には慣れたが、やはり野外調査への飢えは抑えがたかったのだ。結局、話し合いの末に決まったのは、東京大学と横浜国立大学にそれぞれ週3日ずつ通うというものだった。しかし、ここでもまた新たな問題が発生する。文部教官である助手と官立の大学院生を兼ねることはできなかったのである。結局、東大の教務課からの「ひとつの方法として、東大の大学院生を研究生へと移籍すれば問題はない。教わる内容は同じで名称が違うだけでしょう」という提案で、宮脇の処遇は決まった。

それは、東大閥と非東大閥の駆け引きと見ることもできるが、一方で、優秀な学生への期待感の表れとも思える。誰もが宮脇に植物学者としての才能の片鱗を見ていた、ともとれるのだ。

しかし、実際にふたつの大学をかけもちすることになっても、大学の構内には両方合わせて年間の3分の1しか足を運べなかった。

6年連続で年間240日という狂気としかいいようのないフィールドワークの世界にただ一心に没入していくからである。

宮脇には、かねてから夢があった。日本列島の雑草生態を調査するために日本中を歩き回りたい。そのために、貨物列車でも何でもいいから一車両特別に連結してもらって、その中で寝泊まりしながら、貨物列車が止まったところで雑草調査をする。踏査を終えたら貨車の中で調査結果を整理し、また移動していく。そんな旅ができたらどんなに素晴らしいだろうか、と。もちろん、現実的には日本を一周する貨物列車があるはずもなく叶わぬ夢なのだが、宮脇の中ではそれほど日本中のあらゆる雑草生態を見てみたいという欲求が満ちていた。

１９５2年春、宮脇は雑草生態のフィールドワークへの第一歩を踏み出す。それまでも、雑草の生態調査はことあるごとに行っていたが、日本全土を60日間であたかも一筆書きのように回る大がかりな調査は初めてのことだった。もっとも、大がかりと言っても、助手となる学生をひとり連れてのこれ以上は節約できまいという旅で、第三者から見れば学生の貧乏旅行としか映らなかっただろう。単なる旅人と違うのは、植物を入れるブリキ製の胴乱《どうらん》を背負っていることである。あとで詳しく調べなければならない雑草は、新聞紙の間にはさみ、胴乱に納められた。

雑草の生態調査には、春夏秋冬各60日間、つまり年間２４０日もの日々が費やされた。北海道から九州まで全国およそ１２０カ所を周遊する旅を1年間に4回繰り返し、それを6年間続けたのである。しかも、60日のうち、投宿するのはほんの数日だけで、あとは野宿か車中泊だった。文部教官ではあったが、学生を装い4割引の学割で切符を買うのが常だった。大学側からの調査費は一切付かなかったから、月給９０００円の宮脇には、一円の余裕もない旅だったのである。

ほとんどの旅に同行したのは、横浜国大の学生、遠山三樹夫だった。遠山はとにかく植物が好きで、勉強熱心だった。そしてもうひとつ、宮脇にとって、遠山を欠くことの調査地を決定したあと、遠山は大の鉄道好きだったのである。調査地を乗り継いで行く旅で、遠山は実に有能だった。時刻表を駆使し、完璧な移動行程を作り上げた。普通列車だけを乗り継いで行く旅で、列車の連絡は遠山がすべてお膳立てした。もっとも、鉄道好きが高じて、列車から行き先を書いたプレートを拝借してくるようなこともあったのだが。

夜11時半すぎ、東京をスタートしたふたりは、まず名古屋を目指す。早朝5時頃名古屋に着くと、朝一番のバスを待って30分ほど揺られ名古屋の郊外に出る。

到着後、ふたりはすぐに調査にとりかかる。畑、水田、畦、路上と1日で20カ所以上の雑草群落を調査し、記録する。植生学、植物社会学の基本となるのは、種の分類学上の所属を決定する「同定」である。その調査区、方形区の中のすべての種類を1本も1種も残らず調べて、同定し、記載する。泥臭く、根気のいる踏査だ。そうやって作成したものを「緑の戸籍簿」という。

「緑の戸籍簿」は、植生調査の原点である。1組のパーティで調査地に入ると、およそ数十メートル四方の方形区を設定し、その方形区内にある植物の高木層、亜高木層、低木層、草本層《そうほん》はそれぞれ何メートルで地面の何パーセントぐらいを覆っているかを調べる（宮脇たちの場合、このときは雑草だけに限っていたわけだが）。そして、それぞれの層にどんな種類の植物があるかをひとりないしふたりで読み上げていく。もちろん、読み上げる人間は植物の名前に精通していて、1種も見落とさず、すべての植物名を調べて読み上げる。

ひとりがそれを植生調査票に素早く書き込んでいく。すべての植物の名前を記したあと、今度は、それぞれの植物がその方形区内でどれぐらい覆っているかを調べるわけである。

記載にあたっては群度（ソシャビリティ）、被度（カバデグリー）というふたつの国際基準があって、それに準じて表記した。

群度は5、被度は5ないし6の段階に分かれている。

植物の集まり具合を示す群度は、単生の場合が1、小さな群の場合が2、小群の斑紋状が3、カーペットのあちこちに穴のあいた状態が4、カーペット状が5となる。

被度は、上から見てその植物がどれだけ地面を覆っているかを示す値。75パーセント以上が5、50パーセント以上が4、25パーセント以上が3、10パーセント以上が2、10パーセント以下が1、個体数も少なく、被度も少ないものは＋となる。その群度、被度のデータをたとえば、10メートル×10メートルの方形区内で調べ、記していくのだ。宮脇が群度と被度の数字を読み上げると遠山がそれを記すというスタイルで、次々と各群落の代表的な植分で方形区を作り、その中にある植物をすべて読みとるという作業を繰り返していく。さらには、隣接群落は何か、人間の影響をどれぐらい受けているか、海抜高度、周辺環境など現場で得られるデータのすべてを記入する。宮脇と遠山のように手慣れていれば、10メートル×10メートル内にある雑草群落は、30分足らずで完全に調べ終わる。

そうやって得たデータを「素表」にまとめ、それを基に常在度の高いもの順に並べて書き換えた「常在度表」を組む。そして、常在度クラスⅡ～Ⅲの種だけを抽出した部分表により、診断種群を発見する。それを区分表に組み換え、さらに総合常在度表に組み入れて、まずは区分種を、終局的には標徴種を発見する。こうした作業により、局地的な植物群落単位が決定される。この植生単位は、その地域内での生態的立地特性とよく対応し、植生図化にも応用が可能となるわけだ。端的に言えば、フィールドワークで得た地区地区のデータを集め、昇華させていき土地土地の植生の特徴をつかむ作業、ということになる。

朝から十数時間にわたって完全に日が落ちるまで調査を続けると、宮脇たちは次の調査地へと移って行った。

いったん名古屋駅まで戻ると、ふたりは、行きがけに近くの農家にあずけ、炊いておいてもらった飯盒のご飯をそれぞれ受け取ってから急いで駅前に向かう。名古屋駅の周辺の焼け跡は闇市になっていて、屋台がひしめいていた。その中にある揚げ物屋で天ぷらを買い、飯盒の白米の上にのせる。それを持って駅構内に入り、今度は、そば屋にいく。そこで、「そばはいらないんですけど、つゆだけ売ってくれませんか」と言ってつゆをかけてもらうのだ。「お金は?」と訊くと、「汁だけじゃ金なんかとれねえよ」となった。その即席で最も安い天丼を手に、次の列車に飛び乗るのだ。

ふたりは名古屋の次の目的地、島根県松江市へと向かう。もちろん、夜行列車でまた10時間近く揺られ続けるわけだ。朝5時半頃、松江に着いたふたりは、島根大学に足を運ぶ。島根大学には旧知の教授がいて、その教授宅で朝食をご馳走になったのち、調査地へと入る。再び晩まで調査を続け、夜行に乗り、今度は下関を目指す。そしてまた朝からの調査。列車の中ではもっぱら採取した雑草の整理に追われた。

こんなふうにして、大分、宮崎、鹿児島、熊本、佐賀と九州を歩き、四国を巡り、高松から連絡船で岡山、姫路、さらに日本海側に出て舞鶴、敦賀、福井、富山、長岡、新潟、酒田、秋田、弘前、青森などを周り、青函連絡船で北海道に渡り函館、長万部《おしゃまんべ》、室蘭、苫小牧《とまこまい》、浦河《うらかわ》、帯広、池田、釧路、北見、稚内、音威子府《おといねっぷ》、富良野《ふらの》、銭函《ぜにばこ》、そして再び連絡船に乗って、今度は盛岡、花巻、仙台、郡山、宇都宮と太平洋側を帰ってくる。これを年4回、6年間にわたって続けたのだ。まるで伊能忠敬の植物版である。しかも、前述のようにこの60日間日本一周の間、宮脇たちが布団のある宿をとるのは、ほんの数日間だけなのである。

その数少ない宿泊地は、たいがいが広島文理科大学の卒業生宅だった。卒業生名簿で当たりをつけ、見ず知らずの先輩に手紙を書き、泊めてほしいと頼み込むのである。ほとんどの先輩は嫌な顔ひとつせずに泊めてくれ、食事を提供してくれた。

宮脇のフィールドワークには手加減というものがない。とにかく、その日にできうる限りの調査量をこなし、徹底的に現場を調べまくる。調査地を飛ばしたりすることもない。調査地によっては、高知のように夜着いて翌朝発たなければならないところもあった。そんなときは、地元の大学生に自転車を漕いでもらい、「人力ライト」で調査をした。

北海道富良野では、マイナス20度近い中で雪かきをし、厳しい環境で生き物がどう対応しているかを見た。雑草には冬しか出てこない種類もあり、量的変化もあるので、こうした極寒の地でも春夏秋冬の調査が必要なのである。

紀伊半島の御坊《ごぼう》の近くでは、列車が20分停車するというので、車掌に「近くでうどんを食べてきていいですか」と尋ね、下車した。しかし、10分ほどでうどんを食べ終わって戻ってみると、汽車はすでに出たあとだった。次の普通列車は4時間も待たなければならない。宮脇は「止まっていると言ったのに出て行ったじゃないか。予定があって困るんだ」と猛然と駅長と助役に食ってかかった。助役はその剣幕に押されて、「その前に貨物列車が一本通ります。あれに乗ってもらったらどうでしょう」と駅長に進言すると、駅長は「いや、あれは通過列車だから」と渋ったが、助役は「徐行させたらどうでしょう」と返した。胴乱を背負ったふたりは、結局、この貨物列車の機関室に飛び乗り、次の調査地へと移って行ったのである。宮脇の調査に対する執念以外のなにものでもなかった。

宮脇自身、この6年間1440日の雑草フィールドワークの中で、一度たりとも苦しいとか耐えられないと感じたことはなかった。病気ひとつしなかった。とにかく気持ちが漲《みなぎ》っていたのである。四季折々に日本全土でどんな雑草が出るのかを知りたい、調べてみたいという強い欲求が宮脇を牽引した。

もちろん、年間240日もフィールドワークに費やされていれば、他の研究に影響が出ないはずもない。

横浜国大では旧満州の植物分類研究をまとめた北川政夫教授の助手としてついていた宮脇だったが、実際には、240日のフィールドワークを差し引いた120余日の半分しか横浜国大には顔を出せなかった。残りの半分は東大の研究生である。北川政夫は、先輩である東大の前川文夫教授から「北川君、君も人がいいねえ、せっかく助手にとった宮脇君を240日も外へ出して。困るだろう」と嫌味を言われたりした。そんなとき北川は「宮脇君が（雑草調査を）やりたいというのだから、やらせればいいと思います」と答えていた。しばる気は毛頭なかったのだ。逆に言えば、宮脇からはそれほどまでにフィールドワークへの鬼気せまる意欲が見てとれたのかもしれない。しかし、だからこそ宮脇は、横浜国大に一歩足を踏み入れれば、朝8時前から夜11時過ぎまで研究室にこもり献身的に働いたのだ。北川より遅く出勤したことも、早く帰ったこともなかった。フィールドワークに出ない間は、睡眠時間を除いてはほとんど研究室の中で暮らしているようなものだった。

この頃にはもう、こののちずっと貫かれる宮脇のスタイルができあがっている。とにかく脇目もふらず、集中力と執念でひたすら対象に向かっていく姿勢だ。宮脇の唯一の休みは、正月元日だけだった。1年の364日は、フィールドか研究室のどちらかにいたのである。

瞬間、瞬間を自分はベストに生きたい。自分に忠実に生きていきたい。人がどう言おうと関係ない。だから、自分の言葉に嘘はないし、ごまかすこともしない。研究者は自分の発言に自分で責任を持てばいいのだ。過去も未来も結局は夢であって、いま、この瞬間にだけ自分は存在している。その瞬間、その瞬間にベストを尽くす。その積み重ねでしか、自分の存在はない――。

こうした宮脇昭の姿勢は、こののち、合理主義の国ドイツへと留学してから、一層拍車がかかっていく。

2章　本場ドイツへの留学

目で見、匂いを嗅ぎ、なめて、触って調べろ

宮脇昭をドイツへと招いたのは、ドイツ国立植生図研究所所長のラインホルト・チュクセン教授だった。宮脇が植物雑誌『ザ・ボタニカル・マガジン』に投稿したドイツ語論文「3種のエリゲロン属の根の形態学的研究」をチュクセンが読み、「是非、一緒に研究しよう」と誘ってきたのである。

宮脇の論文は、乾いた土地にも湿った土地にも生育するホウキギクについて論じたものだった。東京大学形態学教室の小倉謙教授から「おそらく根の構造が影響しているんだから、根の形態学的研究をしたらどうか」という助言を受け、宮脇は、ミクロトームで切り、根の断面を比較した。すると、不思議なことに、同じホウキギクであっても、水辺のものは支根状で、細胞の中に空気を通すための空間が多いことがわかり、陸地の

ものは直根性の根を持ち、その内部がつまっていることが判明した。そのふたつの根の差異を書いた論文がドイツ人老学者の目にとまったのである。

植物生態学の本場ドイツへの留学はもちろん願ってもないことだったが、月給９０００円の助手の身では、はかない夢物語でもあった。実際、日本―ドイツ間の往復航空運賃は45万円もした。宮脇の月給のちょうど50カ月分に当たる。おいそれとは捻出できない金額だった。

けれども、宮脇は諦《あきら》めない。チュクセン教授と連絡を取り合いながら、ドイツ行きの方策を模索する。

そこで浮かび上がってきたのがフンボルト財団の研究奨学金制度を使うことだった。チュクセンの勧めもあった。しかし、問題もあった。読み書きは別として、宮脇はドイツ語を話し聞くことがほとんどできなかったのだ。研究奨学金を得るためにはドイツ語による口頭試問に通る必要があった。宮脇は、横浜国大でウィンクラー講師のドイツ語の授業を学生に交じってとり、さらに東京在住のドイツ人弁護士の個人指導も受けた。ドイツ語教師への月謝は家計を圧迫したが、背に腹はかえられなかった。

試験は、南麻布の西ドイツ大使館で行われた。文化部長による口頭試問である。けれども、宮脇にはまったく歯がたたない。理解できたのは最初の「座ってください」だけだった。それなりに勉強してきたつもりだったが、相手の言うことがまるで聞き取れなかった。それでも数分にわたって的はずれな答えを繰り返していた。ついに文化部長は日本語でこう言ってきた。「1年、2年とドイツにいても、言葉ができなければ十分な研究はできないでしょう。まだお若いことだし、もう一度勉強していらっしゃい」。そのとき一緒に口頭試問を受けていたのは、東京大学のドイツ文学の助教授や横浜市立大学の医学部の助教授らだった。雑草屋の助手とはレベルが違う、宮脇はそう感じていた。しかし、諦めるつもりはなかった。

宮脇は、すぐに次の試験に備えて想定問答集を作り、それを完全に暗唱した。「私は宮脇昭。私は横浜国大の助手をしています。私は雑草の研究をしています。私が書いた論文は、『3種のエリゲロン属の根の形態学的研究』です。私は……」と丸暗記した。

次の口頭試問の日がやってきた。宮脇は、相手が何か訊いたら条件反射で何らかの返答をすることにした。たとえ質問の意味がわからなくても、覚えてきたドイツ語をまくしたてたのだ。バカにするな、と相手が怒り出すのではないかと覚悟もした。けれども、耳に自信のない宮脇には、このとき、そんな手段しか思い浮かばなかったのである。

宮脇はひどい音痴だった。小学校1年生のときにある出来事があってからというもの、人前で歌を歌うことは一切なくなった。学芸会の予行演習で唱歌を練習し終わったあと、女性の担任教師に呼ばれ、「昭ちゃん、とてもお歌が上手だけれど、明日の学芸会では、お口を大きくあけて、声を出さずに歌ってね」と言われたのだ。家に帰って、母親に「歌を誉められた」と報告し、先生から言われたことを説明すると、母親はこれ以上ないという悲しい顔をし、「ああ、やっぱりお前の歌はモゲてんじゃ」と言った。その母親の悲しい顔が宮脇の脳裏にはいまも焼きついている。

そんなこともあって、ヒアリングにはまるで自信がなかったのだ。

しかし、このいわば一か八かの口頭試問は吉と出る。面接官はこう言ったのだ。「宮脇さん、あなたは聞くことはまだ難しいが、話すことはできます。採用しましょう。しっかりドイツで勉強してきてください」。それまでの応募者は、ドイツ文学と医学関係者がほとんどで、日本人の植物学者は宮脇が初めてだったということも奏功したのかもしれなかった。

出発は、1958年9月28日に決まった。

出発前にやらなければならないことは山ほどあった。その年の3月から8月末まで、植生調査をしつつ琉球大学で招聘《しょうへい》教授として植物学を教えることになっていた。それまでに雑草研究をある程度まとめておく必要もあった。忙しい日々が続いた。

これより前、56年3月17日、宮脇は大分県杵築《きつき》市の造り酒屋の長女ハルと結婚している。ハルは1週間前に地元の短大を卒業したばかりの若い娘だった。

ハルとの新婚旅行は、紀伊半島だったが、それは植生調査のついでにという感じだった。宮脇が雑草の植生調査をしている間、ハルはその傍《かたわ》らにいて、黙って慣れない調査地を移動するだけという旅行だった。

その後も学生がいないときには、ハルは調査地にかり出され、データをとらされた。あるとき、調査中に雨が降ってきて、宮脇が盛んに「濡れるなよ、濡れるなよ」と言う。冷たい人だと思っていたけれど、この人にも案外やさしいところがあるじゃないとハルは嬉しくなった。しかしすぐに、「濡れるなよ」と言っていたのは、データをとった調査表を濡らすなということだとわかって、ひどく失望したこともあった。

ドイツ出発の年である58年の年初から、ハルは大分の実家で過ごしている。いや、それ以前、雑草の植生調査で宮脇が日本全国を回っている年240日の間も、新婚の妻は実家で過ごしていた。1年のほとんどは帰省しているという状態だった。琉球大学に招かれていた半年間とドイツ留学の2年半、杵築に戻ることになった新妻を口さがない近所の人々は、離婚したのではないか、と噂した。

結婚したらふたりで旅行し、語り合い、食事をする、そんな平凡でもいいから仲のいい夫婦関係を築きたいという願望がハルには強くあった。というのも、ハルの実家はいつも大勢の人間が出入りしていて、父親と母親には盆も正月もなく、夫婦が向き合う時間はまったくといっていいほど存在していなかったからである。その点、学者なら休みも多く、自由な時間もとれるのではないか、とハルは思った。しかし、実際に宮脇と結婚生活を始めてみると、大分の両親の生活の方がずっと幸福で平和だった。宮脇は、夫婦も家庭も子どももまるで見ていなかった。見ているのは研究だけだった。決して悪い人ではないとハルは思っていたのだが、やはり一途にすぎたのだろう。暮らしぶりも大分の造り酒屋とは比べようもなく貧しかった。

74年に宮脇が「神奈川文化賞」を受賞したとき、ハルが新聞記者の質問に答え、「植物は私の恋敵《こいがたき》です」と言ったのもあながち冗談ではなかったのだろう。しかし、その頃ハルは文句ひとつぶつけてくることはなかった。

この年の8月15日に誕生した長男の顔を宮脇が見たのは、琉球大学から戻る途中大分に寄ったときに拝んだ一瞬だけだった。その後ドイツから戻るまでの2年余り触れることも見ることも一切ない。

ハルの実家で働く40代の杜氏《とうじ》と宮脇のやりとりがハルには忘れられない。

杜氏が、

「宮脇さん、坊やを置いてドイツに行くのはしのびないでしょう」

と言うと、宮脇はこんなふうに答えたのだ。

「いやあもう、一晩中泣かれちゃって。自分も寝られないし、もう結構です」

杜氏はあとで「大学、大学と言うが、あれでも親か。人間じゃない！」と憤慨した。杜氏だけでなく家中の誰もが同じ思いだった。ただ、ハルの母親だけが「昭さんにはとにかく勉強させないと」とかばった。ハルもまた、のちに、若い時期にあれぐらいやらないと学者としてものにならなかったのではないか、と思うようになる。ただ、当時は、宮脇の態度には当然ながら不満を覚えざるをえなかった。

58年9月28日、羽田を出発する30歳の宮脇は、タラップを上がりきったところで、横浜国大の教授陣、わざわざこの日のために上京してきた岡山の両親ら見送る人々に手を振る。何かの映画かニュースでそんなシーンを見たことがあって、タラップの上からは振り返って手を振ろうと思っていたのだ。

タラップの上にいる宮脇の薄いコートのポケットはパンパンだった。本や辞書があらゆるポケットに詰め込まれていたからである。荷物の重さが20キロに制限されていたため、重い本類のほとんどは身につけたのである。

タラップの上では一応それらしく振る舞ったものの、客室の内部がどうなっているのかは知らなかった。どんなサービスが待っているのか見当もつかない。しかし、いざ飛び立ってみると、思いのほか快適だった。何と言っても、出てくる料理が信じられないぐらい豪華だったのである。しかも、バンコク、ラングーン、カラチ、ローマと給油で空港に寄るたびに食券をもらって外に出られる。そこでもまた食したことのないようなものが供された。見るもの触れるものすべてが新鮮だった。

日本を出て56時間、いったんアムステルダムでKLM機からルフトハンザ機に乗り換えた宮脇は、ようやく憧れの地ドイツ・ブレーメンに到着した。空港にはチュクセン教授の命を受けた研究員のドクター・クラウジングがフォルクスワーゲン（カブトムシ）で迎えに来ていた。

深夜12時半ブレーメンを出た〝カブトムシ〟は暗い北西ドイツの平野を走り続けて、明け方4時半頃、今後数年間滞在することになる田舎町ストレチュナウに着く。宮脇は酒場の階上にあるガストッフと呼ばれる安宿に投宿した。

ストレチュナウは、ドイツの北部ブレーメンから内陸部に入りハノーファーに至る道中のヴェーザー川沿いにある人口５０００人の小さな町である。戦争中、チュクセンが国立植生図研究所とともにハノーファーから疎開してきた町だった。

翌朝、ついにチュクセンとの対面の瞬間が訪れる。チュクセンは、いかにもゲルマンの古武士という感じの威厳ある男だった。紳士的な振る舞いを崩さない背筋ののびた人というのが宮脇の第一印象である。

チュクセンは、ハイデルベルク大学で有機化学を専攻した分析化学者だった。しかし、ハノーファーの州立博物館の自然保護部長として現地に赴任してみると、分析だけではとても生物集団とその環境を理解できないと悟り、植物社会学の祖ブラウン・ブロンケ博士を師として植物社会学を研究するようになった。そしてそののち、植生図という独自のやり方を打ち立てたというわけだった。

その日の夜はチュクセン宅で夕食をご馳走される。しかし、問題はやはり言葉だった。宮脇にはチュクセンの妻ヨハナの話す言葉がほとんど理解できなかった。相手をおもんぱかって話す知識層の言葉は何とか理解できたが、一般人の言葉は逆にわかりにくかったのである。

そんな宮脇の状況を察したチュクセンは妻のヨハナにこう言った。

「私は、この日本人と学問的なことはドイツ語で話せるから」

そして、チュクセンはこう続けた。

「私は本物の日本人に会うのは初めてだ。何年か前にパリの植物学会の国際会議で日本人を遠目に見かけたことはあったけれど」

そして、チュクセンは、居間にあった『ブロックハウス百科辞典』を取り出すと、おもむろに「ヤパナ」の項を開いた。そしてこう読み上げる。

「蒙古属の一亜種。体軀《たいく》は矮小《わいしょう》にして、頬骨が出ていて、目と髪が黒い――」

チュクセンは宮脇を眺めて言った。

「なるほど、お前は、本物の日本人だ」

チュクセン教授にしてこうだったから、田舎町の人々の「初めての日本人」を見る目は好奇に満ちていた。街中を歩いているとき、子どもが「ネガー、ネガー」と言い、母親があわてて「違うのよ、あれはヤパナのドクターなのよ」と訂正するのを聞いたこともあった。横浜の話をしても、香港と区別がつかないなどということはしょっちゅうだった。日本はそれぐらい遙か遠い国だったのである。

次の日から、さっそく、国立植生図研究所チュクセン教授の元での「修行」が始まる。チュクセンは、研究を始めるにあたり、宮脇に対してこんな指針を与えた。

「水田や雑草というのは何も日本にだけあるのではない。チェコスロバキアにもスペインにもイタリアのポー川流域にも水田雑草群落がある。それに、まずドイツに来た以上は、ドイツの植物、ドイツの自然植生を知らなければならない。それには、論文もあるし、本もあるが、まずは現場だ。とにかく現場に行くことだ」

現場第一主義はチュクセンの揺るがぬ哲学だった。

日本から持参した水田雑草群落の膨大な資料と、国立植生図研究所に集められていたイタリア、スペイン、チェコスロバキアなど世界各地の水田雑草群落の調査資料とを比較する作業が、この日から始まった。ドイツ滞在中の半分近くの期間を宮脇はこの作業のために割《さ》かなければならなくなる。

10月のドイツ北部は、もはや冬の顔を隠そうとはしない。木枯らしが吹き、雨が降り、日が短かった。しかし、チュクセンはそんなことにはおかまいなしに、とにかく現場へ現場へと足を運んだ。まだ暗い朝7時から完全に日が落ちるまで、現場に出続けた。朝食に出された黒パンをポケットに入れて、現場でそれだけを齧《かじ》って帰ってくることもあった。チュクセンは、どこへ行くにも宮脇を帯同した。現場に限らず、講演でも講義でもとにかく同行させたのだ。

主な研究調査地は、ドイツ最大の自然保護地域リューネンブルクハイデである。4万ヘクタールの広大な荒れ地だ。ここにはかつてヨーロッパカンバやヨーロッパミズナラなどからなる豊かな森が存在したが、いまではすっかり細い葉を持つ矮性《わいせい》低木のヒースしか育たない荒野になっている。何千年にもわたって森の中に家畜を放牧し、地中に眠る岩塩を掘り続け、製塩した。そのために木を伐採してきたからである。伐採した木は燃料として使われた。

そこにかつてあった広大な森がどんな植生だったのか、どんな生態で成り立っていたのか、それを読みとることをチュクセン教授は何十年も続けていた。いにしえの森の微《かす》かな息づかいを、いまある荒野から感じとる。それは決してたやすいことではなかったが、チュクセンには、それができた。

リューネンブルクハイデでの調査は、厳しいものだった。宮脇は頻繁に土壌調査にかり出された。行った当初は、そんな土壌調査も必要なのだろう、と手伝っていたのだが、しばらくするとそれはもうチュクセンの趣味としか思えなくなってくる。もちろん、植生調査ではときに土壌断面が必要である。土壌断面を見れば、そこがミズナラ―ブナ群集域であるかシラカンバ―ミズナラ群集域であるかがわかるということもチュクセンから教わった。しかし、チュクセンの土壌断面に対する執着はやはり尋常ではなかった。

たとえば宮脇のドイツ時代の日記にはこうある。

「1960年8月21日　日曜日。晴天。摂氏20度。8時50分に目覚め、10時10分から18時30分まで昼食以外はスタインベルクでチュクセン教授、ブラウンと一緒に土壌断面を掘る」

これからもわかるように一日中土壌断面をとるための穴をひたすら掘っていることもしばしばあったのである。

土壌断面は以下のようにして採取する。まず、スコップで人間ひとりがすっぽり入れるぐらいの深さの穴を掘る。続いて、先端部分が真っ平らになっているスコップで、土壌の断面を綺麗に削っていく。さらにゾーリンゲンのメスを使って断面が平らになるように整え削る。そこに布を貼り、上からノリを塗る。少ししてその布をゆっくりはがすと1ミリほどの土が布全体に付着してくる。それを少し乾かし、巻いて持って帰るのである。その布に付着した土の層を見れば、有機物の有無、腐葉土の質、ポドソール土壌であるか否かがわかる。

掘っていると、罪人を埋めた土地にもぶち当たる。ときに人骨が出てきたり、窯《かま》にぶつかったりもする。そんなときチュクセンの好奇心はいたく刺激されるようだった。土壌に刻み込まれた歴史を読むのが好きなのである。

冬場の穴掘りは、掘っていても待っていても辛い。掘れば肉体的に辛かったし、その傍らで待っていると今度は寒さがこたえた。

「そんなに穴を掘る時間があるのなら、もっとデスクワークをしたらどうなんだ」と陰口をたたく助手も現れた。

一度チュクセンが寒風吹きすさぶ現場で宮脇に向かって、

「ミヤワキ、我々は科学の発展のための犠牲《オプファー》だね」

と言ったから、宮脇は、

「いや、私はあなたの犠牲《オプファー》です」

と返したことがあった。しかし、それは、あながち冗談でもなかった。来る日も来る日も穴掘りばかりで、いい加減嫌気《いやけ》がさしていたのだ。

1カ月ほどが過ぎて、宮脇は思いきってチュクセン教授に進言した。

「チュクセン先生、私はもうちょっと科学的な勉強をしたいんです」

チュクセン教授は宮脇の目をじっと見ながら、言った。

「では訊くが、科学的な研究とは何か」

宮脇は答えた。

「たとえば、ボン大学でいろんな論文も読みたいです。ベルリン工科大学で教授の話も聞きたいんです」

チュクセンは、諭すようにこう言った。

「お前はまだ本を読むな。そこに書いてあることは誰かが書いたやつの引き写しかもしれないぞ。お前はまだ人の話を聞くな。誰かが話したことのまた聞きかもしれないぞ。見ろ、この大地を。地球上に生命が誕生して39億年、巨大な太陽のエネルギーのもとに、人間活動によるプラスやマイナスの影響も加わった、ドイツ科学研究財団が何千万マルクの科学研究費をくれてもできない本物の命のドラマが展開しているではないか」

そして、チュクセンが続けて言った次の言葉に宮脇は打ちのめされる。のちに宮脇が講演などでたびたび口にするフレーズだが、それはまさにチュクセンからの薫陶《くんとう》だった。

「お前はまず現場に出て、自分の身体を測定器にし、自然がやっている実験結果を目で見、匂いを嗅ぎ、なめて、触って調べろ」

穴掘りへの情熱をまったく失うことのないチュクセンは、国立植生図研究所の向かいの農家の2階を借り受け、ついに「土壌断面博物館」を作ってしまう。ドイツのあらゆるところから採集してきた土壌断面の布が展示されている奇妙な博物館である。とにかく、土壌に対して、並々ならぬ愛情を注ぎ込んだのだ。

現場では、度を越して一日中穴掘りという日もあったが、もちろん、調査の中心は植生である。クルマで出かけて行っては、ヤナギ林、ミズナラ林、ブナ林、シラカンバ林、ミズゴケ類しか生育できない高層湿原などの植生を調査し、ガストッフと呼ばれている安宿や簡素なホテルに泊まりながら移動していく。そして、そこで集めたデータをストルチュナウに戻ってきて、整理するのである。1日現場で植生調査をすると整理には5日かかるというぐらい、整理作業もまた地道なものだった。

調査現場の近くのガストッフでは、夜、データ整理に追われることもあれば議論になることもある。裸電球の下、調査結果をめぐってあれこれ意見が交わされるのである。しかし、宮脇は来た当初、その議論になかなか加わることができなかった。早口で飛び交うドイツ語をほとんど理解できなかったからである。そんなときは昼間の疲れもあって、つい居眠りをしてしまう。すぐにチュクセンから雷が落ちる。

「お前はなぜドイツに来たかわかっているのか。寝るためじゃないだろう。大変なコストと時間をかけて来たのは、ドイツの生態学、植生学を徹底的に学びとるためではないのか！　目を開けて聴け！」

こののち、「ニワトリと豚の鳴き声以外はすべてドイツ語」という環境の中で、宮脇の語学力は急速な進歩を遂げていく。と同時に、植物社会学もまた若い宮脇の身体に勢いよく吸収されていった。

植物社会学はもともと、スイス生まれのヨセフ・ブラウン・ブロンケ博士が1928年に著した『植物社会学』によって確立された。博士は一見雑然とした植物群落を体系づけ、地球規模での植生の比較を可能にした。ブラウン・ブロンケより一回り年下のチュクセンは、そのブロンケが理論的に確立した植物社会学を具体的に植生図として表す方法を生み出した。

チュクセンの植生図には大きく2種類ある。ひとつは「現存植生図」、もうひとつは「潜在自然植生図」だ。「現存植生図」は、現在その地域にどんな植物群落があるかを図で表したものである。しかし、現存植生は、人間の活動が盛んな文化域であればあるほど変化は激しく、変形している。そういう地域ではいまそこに育っている植物のほとんどが代償植生である。チュクセン教授が「潜在自然植生」を唱える前までは、この「現存植生」と人間が影響を与える前の原始植生を推定し図式化した「原植生復元図」しかなかった。チュクセンは、現在の土地本来の植生が何であるかを読みとる「潜在自然植生」を徹底的に追究した。

土地本来の素顔、素肌を見ること。宮脇はこののち、半世紀近くにわたって、その一点を探り続けることになる。

ある日のこと、チュクセンが、

「ミヤワキもアキラも呼びにくい。何かいい愛称はないか」

と言い出した。

「お前は、イッシ、イッシと言うけれど、それは日本語でどういう意味なんだ。ドイツ語にはない言葉だ」

岡山訛《なま》りのせいか、宮脇の発音する「イッヒ（＝私）」は、「イッシ」に聞こえるのだ。

「日本語では『石』と『意志』の意味を持っている」

と切り返すと、それがドイツでの宮脇の愛称となった。チュクセンはさらにこうかぶせた。

「あ、それでわかった。お前がこれだけ頑張って、石のような意志でやっているのが」

チュクセンは宮脇を息子のように思っていたのだろう。毎日のように宮脇を夕食に招き、黒パンにスープ、ジャガイモといったドイツ流の極めてシンプルな食事を供した。野菜はと言えば、乾燥したほうれん草の粉を湯で戻したものやザワークラウト。肉は週1回、魚も金曜日に出されるだけだった。しかも、薫製か塩漬けの味気ない魚だった。しかし、宮脇はそんな食事に特に不満も感じなかった。空腹を強いられたら耐えられなかっただろうが、幸いなことに黒パンはいくらでも食べることができた。

夕食の後は、クラシック音楽の鑑賞会だった。チュクセン家の居間の明かりを落として、ステレオでバッハやベートーベン、モーツァルトなどを静かに聴くのだ。クラシック音楽には疎《うと》かったが、1日の終わりに強制的に聴かされるうちに、次第に慣れ親しみ始める。音楽を聴きながらときにワインを飲むこともあった。酒を飲むことがほとんどない宮脇だが、ドイツにいる間は、しばしばワインを口にした。

宮脇は、こんなふうにドイツの生活文化にも次第に馴染んでいった。

ドイツに来てから1年数カ月が過ぎ、日本から持ち込んだ宮脇自身の研究テーマ「雑草生態学」もほぼまとめ終わったある日、ヴェーザー川沿いのブナ林の中で、チュクセンが言った。

「イシ、お前の雑草群落の研究は素晴らしい。しかし、雑草は私のヒゲみたいなものだ。草は取っても生えてくる。雑草の研究も大事だけれど、その土地本来の植生を支える能力を見極めることがこれからは大事なんだ。いまは、雑草群落や二次林で覆われているけれど、その土地本来の植生は何かを読みとる必要がある」

チュクセンは、宮脇の学位論文の修了を待って、新たな課題を宮脇に与えたわけである。しかし、宮脇にとってそれは決して簡単な命題ではなかった。

現場に出て読みとろうとしても本来の植生はいっこうに見えてこない。土地本来の森はもう何千年も前に失われてしまっているのだ。それまでも現場でチュクセンが「ここはもともとヨーロッパミズナラ林だった」と言うのを聞いてはいたが、いざ自分の目で見極めなければならないとなるとひどく困難で、チュクセン教授の言っていたことは本当なのかと懐疑さえも抱いてしまうありさまだった。

そんな自信喪失気味の宮脇にチュクセンはこんなことを言った。

「いまの若者にはふたつのタイプの人間がいる。ひとつは見えるものしか見ようとしない者。こいつらには計算機で遊ばせておけばいい。もうひとつは、見えないものを見ようと努力するタイプ。イシは後者のタイプなんだから頑張りなさい」

宮脇はこののち帰国までの1年足らずの間、必死で見えないものを見ようとし続ける。

チュクセンはたとえば、こんなふうに「見えないもの」を解き明かした。

現在、シラカンバがあって、土壌がポドソール土壌で、土壌断面は黒土の中にごま塩のように小さな石英性の砂が斑紋状に見える土地の潜在自然植生は、ヨーロッパシラカンバ―ヨーロッパミズナラ群集。土壌断面に幅2～3センチの養分を含んだ茶色の層があり、木の梢が突き立っているブナが点在しているところの潜在自然植生はヨーロッパミズナラ―ヨーロッパブナ林領域。黒土で肥沃な土壌の農耕地にサトウダイコンが作られていて、生け垣にシデ類が使われているようなところの潜在自然植生はヨーロッパミズナラ―ヨーロッパシデ群集域――。

しかし、それでも宮脇の気持ちはすっきりしなかった。見えないものは見えないし、わからないものはわからないじゃないか、とふてくされたりもした。ちらりちらりと見えるものをどうつなげていって、「見える全体」とするのかがよくわからなかった。しかし、国立植生図研究所にいる研究員たちには見えるのだから、自分にまだその能力が備わっていないのだろう、と結局は自分自身に返すしかなかった。

宮脇は、チュクセンと現場を歩き、学び続けた。1～2カ月かけてヨーロッパ各地をフォルクスワーゲンで周遊調査することもあった。スペイン、フランス、イタリア、スウェーデンなど各地の植生を調査して回った。

宮脇は、ドイツに来て、日本での植生調査が独りよがりでいかにいい加減なものだったかを痛感していた。雑草調査のために日本中を回ったこと自体、本質的に何ら間違いではなかったが、手法はドイツに来て新たに学んだと言ってもよかった。それまでは書物の上で、あるいはドイツ語の論文などを読んでやっていたが、やはりまったく不十分だったのだ。たとえば、方形区にしてもそうだった。日本にいたときは、縄を張って四角い面をとることに腐心したが、方形区が四角である必要はなかったのだ。丸でも四角でもそれはさして重要ではない。問題はもっと本質的なことだった。できるだけ均質な植分を選定して、種類の同定、土壌断面、そして目立つ植物、目立たない植物に関係なく徹底的にその場に育っている植物を調べる姿勢があるかどうか。とにかく、現地調査を重視することが一義なのである。

植物社会学では、現地で植生調査をして作り上げた「緑の戸籍簿」をもとに、種群の結びつきで地球規模の群落システム（群団→オーダー→クラス）へと発展させていく。一見雑然として偶然の所産のように見える植物が、実はある一定の群落を形成している。それをまとめ上げていくのが植物社会学的システムだった。外部からの環境規制、個体や種同士の厳しい競争、我慢、共生などの、集団内の社会規制を経て生き延びている植物は、それぞれの立地に応じてちゃんとすみ分けをし、植物群落を形成している。その種群の組み合わせがその地域固有の植物群落である。それは地球上のあらゆるところで実に多様な顔を見せるが、地域ごとの連関があり、種の組み合わせによる体系化が可能なのである。つまりは、地球上の広域的な植生の比較が可能ということでもある。

日本にいたとき、宮脇は、その本質をつかむことができず、曖昧《あいまい》にやっているようなところもあった。だから、植物社会学を日本に最初に持ち込んだ鈴木時夫博士の書いた論文や著書を読んで、そこに植物社会学的な現地調査と群落組成表が載っていても、どこか胡散臭《うさんくさ》さを感じていた。群集、群落レベルまでまとめる過程が不明確で、科学的でないように感じたのである。まるで呪術ではないか、とさえ思った。しかし、それは、そのとき宮脇にまだ「見る目」がないからにほかならなかった。チュクセン教授のもとに2年間身を置くうちに、呪術はすっかりとけ始めていた。

まもなくドイツに来てから2年を迎えようという夏、宮脇のもとに思いもよらぬ知らせが届く。帰国を命じる電報だった。「文部教官は2年以上籍をあけると休職になる。10月までに一度帰国せよ」というものだった。チュクセンから言われていた宮脇の滞在予定は3年だったから、1年早まったことになる。

その電報を受け取った夜、宮脇はそれまで一度として感じたことのなかった気分を味わう。急に日本に帰りたくなってしまったのである。たった1本の電報が宮脇の里心をいたく刺激した。それまでは、たとえ日本にいる夢を見てはっと目覚め、真っ白いドイツの天井が見えても何ということはなかったのだが、一刻も早く祖国の地を踏みたくなってしまったのである。その自分の気持ちの変わり様が不思議だった。

宮脇は、チュクセンにおそるおそる事情を話した。チュクセンは厳しい顔で言った。

「イシ、いまお前が日本に帰っても必ずカベに突き当たる。私の弟子だと言われても私の名がすたる。まだ少なくともあと1年はいなきゃいけない。とても帰れる状態じゃない。ヨーロッパならすぐに私が間違いを正せるけれど、日本に帰ったらまったく初めてのところで自分ひとりでやらなきゃいけない。完璧にできなきゃかえって君も苦労することになる」

チュクセンは、「日本に手紙を書いてやろう」と言い出したが、横浜国立大学の事務長からは、「新子安に新築の公務員住宅を用意してある」とまで言ってきていたのだ。一度帰らないわけにはいかなかった。チュクセンと話し合い、結局、再び3年以内に戻ってくることを約束して、宮脇の帰国は許される。

それでも帰国直前まで植生調査は続いた。一方、宮脇は仕上がった論文を世界中の研究機関、学者に何十通も発送しなければならなかった。挨拶回りに飛び回った。夕食会が何軒もの家で開かれた。国立植生図研究所に初めてやってきた日本人は、誰からも歓迎され、誰もが認める足跡を残した。

餞別《せんべつ》として、チュクセンは宮脇に太いモンブラン万年筆をプレゼントした。宮脇がチュクセンから万年筆をもらうのはこれが2本目だった。ドイツにやってきてほどなくして、宮脇の書く拙《つたな》い文字を見てチュクセンは、

「君の字は読みにくい、私の使っている万年筆で書けばもう少し読みやすくなるのではないか」

と、太字のペリカン万年筆をくれたことがあったのだ。

1961年10月10日、宮脇は、惜しまれつつストレチュナウをあとにした。

もっとも、このあと宮脇は文部省に始末書を提出しなければならなくなる。ドイツを出た宮脇は、すぐには日本に向かわず、計画書も出さず、オランダ、イギリス、スイス

などを周遊して帰ったからである。2年の間に知り合った学者たちはヨーロッパ中に散らばっていた。その各国の研究者たちは、東洋の植物学者に対して、帰国前に是非一度自分の研究室に寄ってほしいと切望していた。宮脇も当然、もう一度会って話し、議論したいという気持ちが強くあり、訪ね歩いたのである。

一方、宮脇の中では、ある種の不安も拭《ぬぐ》えず残った。いったい、日本に帰って何を頼りに潜在自然植生を調べればいいのか。自分に潜在自然植生を見抜く力はあるのか。帰国が迫ってきたある夜、そんな不安の中で、宮脇は、ふと故郷の風景を思い浮かべる。

それは祭りの光景だった。

——俺の集落の御前神社で毎年11月末にやっていた秋祭りでは、夜中の1時から始まる神楽《かぐら》を見に人々が集まってくる。猿田彦、大黒様の餅投げ、素戔嗚尊《すさのおのみこと》の八岐大蛇《やまたのおろち》退治など出し物は毎年同じだったけれども、普段は無人の神社がこのときばかりは活気づく。神楽が終わり、社から境内に出ると、真っ暗な中に大きな木が何本も浮かび上がっている。神々《こうごう》しいぐらいに黒く太い枝が俺の頭を覆う。深夜、その黒々とした木々を見たときの身震いするような感覚。それがいまなお身体に残っている。あの木、神社でいやというほど見ていた木はいったい何だったのか。あれはもしかしたら、古来からその土地に残ってきた木だったんじゃないか——。

宮脇の頭の中では、鎮守の森こそが日本古来の森なのではないか、という思いがこのときひらめいていた。

鎮守の森が日本の潜在自然植生を解く鍵になるかもしれない、という思いがこののち宮脇の中で日増しに強くなっていく。

帰国後ほどなく、「鎮守の森」は、宮脇にとって欠かせぬキーワードとなる。宮脇昭は、そこに日本の未来、世界の未来を見ることになるのである。

3章 学会への挑戦

人間が本当の英知を持っているなら、その欲望の極限より少し手前でおしとどめるべきである

宮脇ハルが大分県杵築市《きつきし》の実家に戻ってから、早2年9カ月が過ぎていた。大分で生まれた長男功は、2歳4カ月になっていた。宮脇昭にとっても丸2年半以上家族と顔を合わせていないということになる。しかし、宮脇から帰国したという連絡は大分にいっこうに入ってこなかった。

ハルの父親が「そろそろ戻ってきているんじゃないのか」と尋ねると、母親が「いくらなんでも帰ってきたら連絡ぐらい入れるでしょ。子供だっているんだから」と否定した。父親は「いつ帰ってくるのか、練馬のお兄さんに訊いてみよう」と我慢できずに電話を入れる。当時、大分から東京への長距離電話は、交換手の手を経るため4時間以上もかかった。

ようやく通じ、ハルの父親が話し始める。

電話口に出たのは、宮脇の兄ではなく、なんと宮脇昭本人だった。驚いた父親は慌《あわ》ててハルに受話器を手渡す。ハルは、

「お帰りなさい。いつ帰ってきたんですか」

と尋ねた。宮脇の口から出たのは驚くべき言葉だった。

「1週間前に帰ってきた。いま、とても忙しいんだ」

ハルは全身の力がすーっと抜けていくのを感じていた。顔色を失った。2年半以上家族と離れていたら、一刻も早く声を聞きたいと思うのが普通ではないのか。ハルは宮脇が理解できなかった。ハルの父と母もただ言葉を失うしかなかった。

そのあと、宮脇と何を喋《しゃべ》ったのかハルは覚えていない。

うべき言葉が見つからなかったのを覚えている。父親の留守に何かあってはいけないと、両親は長男に対し特別に気を使い、存分に愛情を注いでくれていた。姓を変えた身である以上、ハルはそんな両親に申し訳ないような気持ちをもったのだ。惨《みじ》めだった。そもそも、練馬の兄や兄嫁は、なぜ一言弟に「連絡しろ」と助言してくれなかったのか、そんな思いもふつふつとわいてきた。

もっとも、こののち、宮脇のたいていの行動にハルは驚かなくなる。そんなこともあ

るだろう、と思えるようになる。そして、研究のためであれば、一切自分のペースを崩さない人だということも次第に刷り込まれていくのである。

こののちも宮脇は家庭を顧みない。父親参観にも運動会にも学芸会にも一回も顔を出さなかった。担任の教師ももちろん知らない。ハルはいつしかそんな宮脇に夫役、父親役を期待しなくなっていた。逆に、それだけいろいろなものを犠牲にしてやっている研究であれば、それなりの成果を出して少しは世の中の役に立ってほしいと願うようになっていた。趣味もなく、遊ぶわけでもなく、研究以外には一切目を向けられないのであれば、研究者として成功するしかないではないか、そうハルは思い、すべてのことを諦《あきら》めた。

ハルの目から見てそんな宮脇が変わったな、丸くなったなと感じるようになるのは、この帰国の一件からおよそ30年を経た1987年頃からだ。長女景子に娘杏《あん》、息子翔《しょう》が生まれてから一変するのである。

たとえば、アマゾンからの帰途、アメリカのウィスコンシン大学メディカルセンターに留学中の長女夫妻を宮脇が一夜だけ訪ねたことがあった。帰国の日、3歳の孫娘が空港で見送りながら崩れるように座り込み「おじいちゃま、帰らないで」と泣くと、そのあと宮脇はずっとハンカチを顔にあてたまま嗚咽《おえつ》し続けていた。小型飛行機から大型機に乗り換えても宮脇はなおもハンカチを握りしめたままだった。心配して客室乗務員が声をかけてくるほどだった。それは驚くべき変化だったが、宮脇にはそれまでそんなことを感じるゆとりもなかったのだろうとハルは思った。脇目もふらずただただ走り続けてきたのだ。

ドイツから帰国した宮脇昭は、憑《つ》かれたように全国の植生調査に出始める。

問題は、それまで雑草一筋で来た宮脇が植物の名前に精通していないことだった。もちろんドイツでは高木から下草までそれなりに見てきたが、日本の樹木についての知識はほとんどなかったのだ。同定ができなければ植生調査は始まらない。日本の植物に詳しい人間が必要だった。白羽の矢が立てられたのは宮脇より8歳下の大場達之である。大場達之は、横浜国大の北川政夫教授のもとで植物分類学を専攻している研究生だった。

大場は子供の頃から植物が好きだった。とりわけ小学校3年のとき長野県飯田市に学童疎開をしてからというもの、一気に植物の世界に引き込まれていく。大場が育った東京・世田谷にもまだ自然は残っていたが、飯田のそれとは比べものにならない。

ある日、クラス全員で裏山に薬草を採りに行くことになった。もちろん薬草採りと言っても小学生に簡単に薬草が見分けられるはずもない。多くの生徒はそこらに生えている草を適当に引き抜き、「これはただの雑草だ」と先生から評をもらっている。そんな中、大場は、健胃薬として使われるセンブリを採り、教師に見せた。「これはすごくよく効く薬草だ」と教師は大場を誉めた。内向的で人付き合いの苦手な小学生にとって、その一言は大きく響いた。こののち大場は、植物への興味を日増しにつのらせていくのである。

高校は都立園芸高校を選んだ。横浜国大に進んでからは、サトイモ科テンナンショウ属の分類を専門とした。その後、分類学を極めるため、横浜国大の北川政夫のもとで研究を始めた。宮脇がドイツから帰国したのは、ちょうど大場が北川研究室に通い始めて半年が過ぎた頃だった。

宮脇が本場ドイツで最新の植物社会学を身につけて帰ってきたことは斯界でまたたくまに知れ渡っていた。横浜国大にいた大場は、もちろん宮脇の顔は見知っていた。大場は、宮脇の持ち帰った方法論を「植物の種類を単語とし、植物社会学の文法で自然を読み解くもの」と解釈した。植物の同定は大場の得意とするところだったし、「文法」を使って類型的に植物群をとらえていくことにも興味のあった大場は、宮脇からの植生調査の誘いを快く受け入れた。宮脇は大場を通じて「単語」を吸収したいと思い、大場は宮脇から「文法」を盗みたかった。そして、これを機に、大場は分類学のみならず植物社会学をも専門としてしまうのである。

宮脇と大場は、鎌倉八幡宮の裏山など近場での植生調査を行ったのち、宮脇の評価を最初に決定づけることになる植生調査に出かける。1953年にアメリカから返還された奄美大島、沖永良部島《おきのえらぶしま》、徳之島でのフィールド・サーベイである。誰から頼まれたわけでも、資金が出るわけでもなかったが、宮脇はとにかく現場を踏みたかったのだ。潜在自然植生を見るには、比較的人間の手が入っていない南の島は好都合だった。

ふたりは、3つの島を精力的に動き回った。ハブを恐れながらも、森林から海岸まで飢えたように歩き回り、植生調査し、植物を採集した。20メートルの方形区で読み上げられ、採取される植物は膨大な量にのぼった。一日歩き回ると、ビニール袋は採取した植物でいっぱいになった。それを大黒様のようにかついで宿に戻る。そして、腐らせないために、何百種類という植物ひとつひとつに霧吹きでホルマリンをかける。そんな作業を1カ月近く続けた。ホルマリンによる中毒症状で、大場は宿泊先の営林署内で一日寝込まなければならないほどだった。

横浜に戻ると、今度はその膨大なホルマリンを浴びせられた植物との格闘が始まる。電熱乾燥機を使って乾かすのである。研究室の中にホルマリンの水蒸気がもうもうとあ

が り充満した。目は真っ赤になり、呼吸器の調子がおかしくなった。いまでは考えられないような危険なやり方だった。そして、その乾燥させた一枚一枚、一本一本を同定し、類型化、体系化していくのである。わからないことがあれば、南方植物の権威、鹿児島大学の初島住彦教授に問い合わせた。横浜に戻ってきてから半年以上、ふたりは奄美大島の植物の中で暮らしているようなものだった。

ドイツ語の論文の冒頭で、宮脇はこうまとめている。

「奄美諸島の森林植生について　宮脇昭　大場達之　1963年3月

奄美大島、徳之島、沖永良部島などの植物社会学的なシイ林の位置づけを明らかにするために、1961年4月から現地調査を行い、70の植物社会学的な調査、緑の戸籍簿を現地調査で得た。これらの植生調査資料を基に、以下の新しい3つの群集とその下位亜群集が区分把握できた。

1.ラジアンテロ—スダジイ林（ケハダルリミノキ—スダジイ群集）。2.アリセエモ—スダジイ林（アマミテンナンショウ—スダジイ群集）。3.シンプロコ　リュウキュウエンシス—スダジイ林（アオバナハイノキ—スダジイ群集）。これらの植物群落の分布を立地条件との関わり合いで考察した。いままで、既存の発表された本州、四国、九州の群落組成表との比較の結果、奄美群島から得られた3つの群集は、新しい群団シンプロコ

―スダジイ林にまとめられた。多くの同じ標徴種および識別種を持っていることによってまとめられたこのシンプロコ―スダジイ群団と四国・九州のシイ群落とは新しいオーダー、デンドロパナコ―スダジイオーダーにまとめられる。このオーダーは、常緑のカシ林に出てくる種類と一緒に、ヤブツバキクラスにまとめられる」

この序文に続いて、気候、地形、シイ林の相観、フロラ（植物相）的位置づけ、いままでの日本におけるシイ林調査、植生調査した場所と海抜高度、シイ林群落の構造と生態などが記されている。

雑多に現れている植物の種群の集まりである群落には、実は、大小の谷間がある。その種の組み合わせを把握し決められた基本単位が群集と名づけられる。その群集が群団↓オーダー↓クラスと次第に大きな単位に体系的にまとめられていく。いずれにしてもベースとなるのは、現場での地道な種の同定に基づく植生調査票＝緑の戸籍簿である。ここの段階での狂いは、のちの群落組成での混乱と矛盾を生むことになる。

ちなみに、最大単位である「クラス」で日本の植生を表すと次のようになる。照葉樹林はヤブツバキクラス、夏緑広葉樹林はブナクラス、亜高山性の針葉樹林はコケモモ―トウヒクラスである。

宮脇は、「南西諸島の主な森林植生は、山地や御願所、御岳、奄美諸島の一部の社叢

（神社の森）などに残されているスダジイ林、尾根部のマテバシイ林、やや谷部のホソバタブ林、タブノキ林等である」と結論づけている。

調査量、ドイツ語の完成度、体裁と、非の打ちどころのない論文だった。雑草の研究者程度にしか思われていなかった宮脇だが、ドイツで植物社会学を身につけ、さらには、奄美で森林を含む広範な植生調査を行ったことで、新たな評価が生まれようとしていた。逆に言えば、ドイツ帰りとは言うが、いったいどこまでできるのか、日本でどう応用するんだ、という冷ややかな見方も植物学界には少なからずあったのだ。宮脇はチュクセンにも原稿のチェックを依頼し完璧を期した。本場の研究所で学び、何かあればすぐに問い合わせできるのも宮脇のひとつの強みだった。

大場は、日本の植物社会学者たちが宮脇のことを驚きの目で見ているのを肌で感じていた。それまでの日本の研究者たちが本を頼りに手探りでやってきたことをすべてひっくるめて一度消化し、さらにその上に立ってまとめてしまったという印象だった。それはやはり世界中から研究者が集まってくる研究所で学んできた強さだと大場は思った。宮脇より年長の植物学者たちにはある意味で衝撃すら覚える、新星の誕生だった。

宮脇と大場は、このあと6年間にわたって一緒に調査研究を続けることになる。ただし、70年から72年にかけての2年間、大場が宮脇の勧めにより同じくチュクセンのもとで学び帰国してから、ふたりの共同作業はほとんどなくなってしまう。大場が宮脇の研究方法との「すれ違い」を感じ始めるからである。大場達之は、独自の研究姿勢を貫き始めようとしていた。

ハルは相変わらず宮脇の研究を陰で支え続けていた。家計は火の車だった。宮脇の研究費に家計のほとんどが割《さ》かれるため、生活費はないに等しかった。一升瓶の秤醤油《はかりしょうゆ》を買うときでも、一升分のお金を遣えず、小さなサイダー瓶に入れてもらったこともある。あるいは、金が底をつき、大分の母親から贈られた一回も袖を通していない着物を何回も質屋に持ち込まなければならなかった。紋の入った大風呂敷に包まれた着物を見て、質屋の主人は「いくらでも貸します」と言ったが、ハルは必要最低限の金しか受け取らなかった。母からの送金が届くと、すぐに質屋に駆けつけ質草を取り出すのだった。それは造り酒屋の娘として何不自由なく育ったハルにとってまるで別世界の出来事のようだった。

宮脇にとっての60年代は、不遇の時代である一方、ある意味で最も充実した時代でもあった。

宮脇は、ドイツですでに高まりつつあった自然保護の運動を日本でも提示しようと、渡独して間もない頃、日本の三大紙に投稿したりもした。しかし、自然保護という概念が理解できなかったのか、どこからもナシのつぶてだった。話を聞きに伺いたいという記者もいなかった。この誰からも相手にされなかった助手、助教授時代のおよそ10年が、自分自身の飛躍の原点だった、と宮脇は振り返って思う。宮脇がドイツから持ち帰った植物社会学は、当時、日本の学会ではさして評価されなかったが、そのせいで研究に打ち込む時間が十二分に生まれていた。宮脇は知識をむさぼり、経験を積んだ。

それでも、時間はいくらあっても足りなかった。徹夜はしょっちゅうだった。研究に没入するあまり、一日食事をとらないこともしばしばだった。横浜国大の中にある教官たちの溜まり場も素通りした。無駄話に1分たりとも時間を割きたくなかったからである。調査地に出かけては研究室でまとめをする、その往復がすべてだった。1週間はあっという間に過ぎた。土曜日、日曜日も決まって研究室か調査地で過ごした。宮脇は「見えないもの」を必死で見ようとしていた。

寸暇を惜しんで研究に向かっていこうとする意志は、ときに開かない扉もこじ開ける。

64年、全国的な反戦・反体制運動の高まりの中、横浜国大でも大学紛争が巻き起こる。学芸学部が教育学部に改編されることをめぐって、学生が強く反発していた。初めての大規模なストライキがあり、全学連によってロックアウトされ、構内にいる学生と外に出された格好の教職員が正門のフェンス越しににらみ合っていた。もっとも、その後の闘争に比べれば、この頃はまださほど暴力的なものではなかったが。

ロックアウトされてからは、次第に教員たちは、大学に足を運ぶこともなくなり、自宅で待機したり、アルバイトをして日々をやり過ごすようになる。しかし、宮脇は違った。食料と簡単な着替えをリュックサックに詰め、清水が丘にある大学へと向かうのだ。学生が何か言っても、門を開けさせ、研究室に入るつもりだった。

宮脇が正門に到着すると、案の定学生たちはこの血気盛んな助教授をブロックした。しかし、宮脇に引き下がる気はさらさらない。ともに譲らぬまま、もみ合いになった。宮脇は学生の足を蹴り上げ、手を振り上げた。学生たちはそんな宮脇に狂気を感じたのかもしれない。結局、宮脇は構内に通される。本当に重い扉をこじ開けてしまったのである。宮脇には、一度研究室に入ったからには数日は帰らない覚悟があった。そのためにリュックを背負ってきたのだ。しかし、夜中の2時になっても3時になっても学生の見回りがくるわけでもない。宮脇は帰宅することにする。学生もまた帰宅する宮脇を黙って送り出した。

翌日、宮脇はクルマで大学に向かう。クルマを門につけ、クラクションを鳴らした。学生たちはやはりすっと門を開けた。続けて入ろうとする他の教員はすぐに止められる。

以来数カ月にわたって宮脇は、たったひとり大学構内に入れる教官となった。宮脇は別段学生の思想に共鳴していたわけではない。ただ、研究したいと訴えた結果、学生たちに受け入れられたのだ。

翌年の冬に開かれた学生と教員の団体交渉の席上で、全学連の委員長はこんなふうに言った。

「宮脇先生は、我々を突き破ってでも教官本来の研究をしようとした。それに比べて、てめえらは何だ。封鎖をいいことにアルバイトに精を出して」

席上彼らが最も糾弾したのは、進歩派と言われる教官たちに対してだった。「おだてておいてハシゴを外した」、と。

しかし、その後も次第に泥沼化していく闘争に宮脇は嫌気がさし、ハルからの勧めもあって、結局2回目のドイツ留学へと出てしまう。

学会への挑戦も続いていた。

1966年、宮脇は、大阪市立大学で開かれた日本生態学会で、「土地本来の森は本当になくなっている」と発表する。

時間にして10分か15分、38歳の気鋭の学者は壇上で「関東地方の潜在自然植生」について、中でも雑木林についてこんなふうに話した。

「関東地方の植生は、国木田独歩の『武蔵野』や徳富蘆花の『自然と人生』に出てくるように、落葉広葉樹林のクヌギ、コナラ、エゴノキ、ヤマザクラが暗黙のうちに自然の森のように思われていた。ところが実際はそれらを含め、ほとんどの地球上……ヨーロッパも日本も人間によって緑の自然は変えられ続けてきたものである。里山の雑木林は、15年から20年に1回燃料にするため切られ、下草や落ち葉は肥料として1年ないし2年に1回は刈られてきた。そういう定期的な人間活動と呼応して、何百年も生きてきたのが里山の雑木林である。ところが燃料革命によって、戦後はあまり切らなくなった。もともと本来の森ではないから、本来の森の保護組織であったり、あるいはそれに続いてあった林縁《りんえん》群落のクズやカナムグラのツル植物や草原性のススキ、アズマネザサ、陽性の低木であるウツギなどが下克上を起こして混乱状態になる。いま、山が荒れた、管理しなきゃダメだという。しかし、その中に入って調べてみると、ちゃんと土地本来のシラカシ、アラカシであるとか、その子分であるアオキ、ヤツデ、ヒサカキ、その下草のテイカカズラ、ヤブコウジがちらちらと出ている。また、鎮守の森や屋敷林、急斜面には土地本来の冬も緑の常緑樹が散見される。その自然が発している微《かす》かな情報から全体はどうであるかと関東地方全体を調べると、三浦半島、房総半島など海岸沿いは浜離宮、芝離宮に見られるようなタブノキ、尾根筋にはスダジイ、内陸部にはシラカシ、斜面にはウラジロガシ、アカガシが出ている。したがって、関東地方の潜在自然植生は大部分がシラカシ林である。雑木林は人為的に変えられた二次植生である」

話し終わって会場を見渡すと、学者たちの不満顔が明らかに見てとれた。いまでは常識になっている宮脇の説も、この時点ではみな半信半疑だったのだ。そもそも「潜在自然植生」という言葉すらほとんど知られていなかったのだ。

一方、当時の学会の雰囲気として、生態学は低落傾向にあった。分子生物学や集団遺伝学などがもてはやされ出していたからだ。

けれども、分析、計量科学は、化学的分野であれば十分かもしれないが、生き物を扱う領域では、それだけでは不十分である、というのが宮脇の考えだった。分析は分析で大事だが、それだけでは総合にはつながらない。植物は単なる緑にすぎないとみなし、それを計量し、測定し、分析し、成果を出すというやり方は、いわば、一本の毛から象を見るようなものなのではないか。一本の毛から象そのものの生態は決してわかるはずもないだろう。時間と手間はかかるが、現場で見て、触れて、知って、ようやく全体が見えてくるのではないか。宮脇はそう思っていた。

宮脇昭の名がまず最初に世に出るのは、学習研究社から1967年夏に刊行された

『原色科学大事典』の「第3巻　植物」によってである。「地理」「動物」「物理」「化学」など全10巻からなるシリーズの「植物」の責任編者として宮脇が選ばれたのだ。一般出版社からすれば世間的な知名度もない40歳前の新進の学者に一任するのは冒険だったに違いない。

この宮脇の編んだ事典には、従来のものとはまるで異なる点があった。単に植物の種類を絵で紹介するだけでなく、日本中からデータを集め、日本全体の植物群落を初めて記したのだ。大場達之も執筆を受け持ち、また植物画家に対しての発注も担当した。「第3巻　植物」は大学の植物生態学の教科書として使われるとともに、全10巻の中で圧倒的セールスを記録、ほどなく『日本の植生』というタイトルで同じ学研からシリーズとは独立する形で再版された。これがいわば宮脇の出世作となったのである。

越後三山只見国定公園に調査に出ているとき、ちょうど『原色科学大事典』が発売となった。会津まで戻ってきた宮脇と大場は、おそらく置いていないだろうと思いつつ、町の小さな本屋を覗《のぞ》いてみた。ところが驚くべきことに1冊、入荷されていたのである。東京に戻れば当然贈呈されているわけだが、ふたりは買い求めた。やはり本屋に置かれる初めての一般向け出版物ということで宮脇にとっても嬉しかったのである。

宮脇は翌68年、シュミットヒューゼン著の『植生地理学』を翻訳し、日本で出版している。とりかかってから実に8年の歳月をかけた労作だ。二度目のドイツ留学の際、宮脇は2カ月にわたってシュミットヒューゼン教授の自宅に滞在し、教えを受けた。チュクセン教授から学んだものが具体的かつ技術的な現場主義だったとすれば、シュミットヒューゼンからは総合的にまとめ、思想的裏づけをもって提示するシステムを教えられた。シュミットヒューゼンは、データとして得られた植物群落をより地球的な規模で、未来に向けて哲学的に見ていこうとしていた碩学《せきがく》だった。

67年、チュクセンとシュミットヒューゼンがそろって来日した際、宮脇はふたりとともに北海道から九州まで調査旅行に出た。チュクセンは、植物、土壌をはじめ詳細に調査しようとする姿勢を崩さなかった。一方のシュミットヒューゼンは、おおまかに調べてメモをとる程度の調査方法である。3カ月の滞在中、ふたりの仲がときに少しずつ悪くなっているように宮脇には感じられた。チュクセンが「あいつはただ立ってボーッと見ているだけだ」と言えば、シュミットヒューゼンは、「いいんだよ、チュクセンに調査をやらせて、その成果を俺が理論的裏づけをしてまとめるんだから」と返すといった具合だった。宮脇からすれば、そのタイプの異なるふたりから学べたことは大きかった、となる。

宮脇昭は信念の人である。信じたことは貫き通す。曲げない。本物と信じれば、たとえひとりでもまっすぐそれに向かって突っ走る。本物を追求していけば、いずれその価値が評価されるときが来ると信じている。手練手管《てれんてくだ》で何かをすることも、二枚舌を使うことも、潔《いさぎよ》しとしない。自分の発言には自分で責任を持つ。だから、宮脇は、先の大阪でのシンポジウムのような場面でも、一切妥協しない。言葉を丸くしたりはしない。偽物は生き延びない、というのが宮脇にとっての譲れない真理なのだ。

学会からはなかなか認められなかった宮脇だが、各国立大学からは少しずつ講義の依頼が寄せられ、鹿児島大学、信州大学、山梨大学、東京教育大学、大阪大学、東北大学などで非常勤講師をするようになっていた。もっとも、ここでも研究第一主義は相変わらずで、集中講義が中心となった。それでも絶対に手抜きはしなかった。

野外実習も頻繁に行った。あるとき、東大の生態学実習指導で学生たちと富士山の麓《ふもと》にある東大所有の小屋に泊まり、植生を調べたことがあった。ハリモミ林では、葉を観察させるために木登りをさせた。ハリモミは、高さ30メートルになる常緑針葉高木である。横にいた助手が「東大の学生は木になんか登れません」と言ったが、「東大だろうが何だろうが、同じ人間で登れないわけがないだろう。本気でやれば」と言い返した。その宮脇の剣幕にたじろいだ全員が必死で木に登った。初めて木に登る者もいたが、ひとりが木から落ちた以外は全員がちゃんと登った。落ちた学生にもケガはなかった。「本気でやればできないことはない」は宮脇の口癖だった。

また、ドイツから帰国して、横浜国大に通いながら、週3日、日本自然保護協会に在籍していたこともあった。ドイツの食料農林省のオフナー森林局長に「ドクター・ツヨシ・タムラは自然保護に対して熱心で、彼のやっていることは大事だから帰国したら是非会え」と言われて田村がいるという自然保護協会を訪ねたのだ。田村剛が会長を務める自然保護協会はまだ準備段階で、厚生省の中にある屋根裏部屋のような小さな部屋を間借りしていて、田村の他に厚生省のＯＢがひとりいるだけの小所帯だった。屋根裏部屋に追いやられているという一点からも、当時の自然保護に対する人々の意識がうかがえる。田村は、宮脇に横浜国大をやめて自然保護協会に来ることを勧めた。田村は国立公園制度を日本で最初に提案し創設した人間で、「国立公園の父」と称される人物だった。しかし、そこでの仕事は、世界の自然保護や国立公園に関する論文を集めて訳すという仕事だけで、宮脇の目にはあまり気乗りする仕事とは映らなかった。

１９６６年、宮脇は、富士山麓の富士スバルライン（富士山有料道路）の調査に着手している。

スバルラインは、61年9月に工事が始まり、64年4月に開通したおよそ30キロの有料道路だ。山梨県が建設し管理している。この道路が開通したことにより、5合目までわずか40分で到達できるようになった。それまでは未舗装の悪路で3時間かかったというから、たしかに便利にはなったのだろう。しかしこののち、とんでもない事態が起こる。道路完成後、道路脇の高木、亜高木がどんどん枯れ始めたのである。

富士山麓の海抜1800メートルから道路の終点である2300メートル付近までは、シラビソ、オオシラビソ、コメツガの見事な亜高山性針葉樹林が広がっている。その森が悲鳴を上げ始めたのだ。

宮脇に調査を依頼してきたのは、山梨県林務部だった。

60年代から宮脇は、NHK教育テレビの「みんなの科学」などに出演していて、植生や自然破壊のことなどを説いていた。その中で、富士スバルラインの環境破壊を取り上げ、マント群落（低木とツル植物群落）とソデ群落（草本植物）の必要性を話したことがあった。宮脇に白羽の矢が立ったのはそんな〝実績〟があったからだろう。すぐに地元の管理者から連絡があり、宮脇は調査を依頼される。

管理者はこんなふうに言った。

「せっかく斜面の裸地に植えたシバは、みんな枯れてしまって、ご覧のように雑草ばかり生える。仕方ないので、毎年予算をとって道路沿いの雑草や倒木の整理をしているが、沿道の森林破壊はいっこうに止まらない」

宮脇には原因がすぐにわかった。もともとシバは、北海道の南部以西にしか分布しない、海抜１５００メートル以下の地域の代償植生なのである。したがって、１６００メートル以上の亜高山性針葉樹林帯では生育できずに枯れてしまう。逆に、雑草とみなして毎年管理者が除去していたフジテンニンソウ、ホソエノアザミ、ヒメノガリヤス、イタドリなどは、実は破壊された林縁に最初に現れる森の治癒組織とも言える、この段階では欠くことのできない草だったのだ。

３年にわたって宮脇は調査したが、１８００メートルから２３００メートル付近までが、一言で言えば「触ってはいけない人間の目に当たる部分を針でゴチャゴチャと動かしたような状態」になっていた。自然には人間の頰のようにある程度触っても大丈夫なところと、目のようにちょっとでも触れば傷つくところがあった。スバルラインの１８００メートルより上で育っていた亜高山性針葉樹林は、まさにその目の部分に当たっていたのである。しかも、自らの力で裸の地面を覆おうとする草をとってしまっていたわけだから、自然が回復するはずもなかった。

森林破壊のプロセスは以下のとおりである。

本来、シラビソ、オオシラビソは、周囲をマント群落とソデ群落によって保護され、互いに競争しながらも共生し、寄り添って生きている。そのシラビソの高木林内に道路が建設されたことで林内に開放域ができてしまう。すると林内に急に風や光が強く入り込む。これにより、倒木が起こり、林床が乾燥し、それまでとれていた森林生物社会の均衡が一気に崩れてしまう。その傷口は時間の経過とともにどんどん広がっていく。S字状の道路に挟まれた森林などはまたたく間に消失してしまう。道路が建設された周辺地域はこうして裸地化していくのである。

結局、調査の結果、シラビソやオオシラビソといった富士山の主役である高木は、毎年2000本から3000本も枯死していることがわかった。それまでこれらの樹木の根によって止められていた土砂崩れがもはや、いつ起きてもおかしくない状態だった。

その後も宮脇は、研究室の全員で何回かスバルラインに出かけた。植生調査をし、何をどう植えるべきかを検討し、処方箋を作った。そして、この手当てによって、スバルライン周辺の森林破壊の進行はようやく食い止められたのである。

1970年、宮脇は、それまでに得た知識と経験を一冊の本にまとめあげている。『植物と人間　生物社会のバランス』（NHKブックス）である。生物系の学生なら一度は手にする、いまなおロングセラーを続けるこの名著と先の『日本の植生』で、宮脇はようやく世間に認知されたといってもいい。宮脇は、この年の毎日出版文化賞に選ばれた『植物と人間』の中で、「自然保護」についてかなり紙数を割き、論究している。レイチェル・カーソンの『沈黙の春』のような書物が出ていたとはいえ、一般にはまだ「自然保護」という言葉があまり浸透していない時期から、宮脇の中では、大きなテーマとなっていたことがわかる。

本の最終章で宮脇はこう記している。

「（略）人間は自然界の一員であり、生物集団の機能的、社会的な動的均衡関係の枠内でしか、生きてゆけないという冷厳な現実を、今一度、われわれは率直に認識しなければならない。

生活環境を改変し、共存者たちに絶対的に打ち勝ったときに、その生物もまた滅びるという生物社会の冷厳な秩序を理解しよう。現在すでに、われわれはあまりにも他の生物集団の構成者、よりよく生きていくために必要な、われわれの共存者、植物も虫も鳥も、微生物も、さらにすべての生物の生活環境も、開発と、文明という命題の下で破壊しすぎ、抹殺しすぎている。

われわれが現在と将来を、健全によりよく生きるためには、人間と植物の目に見えない、多様で本質的な、そして複雑にからみあっている間接的な関係をも正しく理解すべきである。健全に生きてゆくために必要な自然の緑が、すべて、消滅しようとしているこの最後の瞬間に、勇気をもって生物のすべてを代表して自然を保全し、生物社会の均衡を維持・保証するだけの、生物としての、また人間らしい賢明さをもちたい。（略）」

また『植物と人間』発刊に際して受けたインタビューでは、こうも語っている。

「（略）かといって、原始の世界にもどれ、といっているのではない。文明がすすむにつれ、人間はその欲望をできるだけ満たそうとする。人間が本当の英知を持っているなら、その欲望の極限より少し手前のところでおしとどめるべきで、野放しに発展させることは、人類の滅亡につながるのではないか。今日はあまりにもはなやかな文明と技術に目がくらんで、自然のバランスに破たんをきたしているのです。」（１９７０年5月5日付『朝日新聞』）

40代前半に抱いたこの思いは、30年以上たったいまでも微動だにしない主張であり、揺るがぬ願いとなっている。もっとも、実際に「緑の奪還」を訴える宮脇の声が人々に届くには、さらに何年もの歳月を俟《ま》たなければならないわけだが。

4章 森づくりの萌芽

本だけに頼るな、研究室でどうこう考えるな、まずは現場に行け

1970年代に入ると、植生調査と論文作成の合間に講演の仕事が少しずつ入ってくるようになる。講演先のひとつに企業があった。各企業とも本格的に公害対策を模索し始め、宮脇昭の言葉を求め始めていたのである。71年に環境庁が設置されたことからも環境問題がこの頃急速に表面化してきたということがわかる。しかし、宮脇が講演の最後に「森づくりを」と提案しても、実際に手をあげる企業はまるでなかった。公害対策と森づくりが直結していなかったのである。

日本経済団体連合会（経団連）でも環境問題研究会を作り、未来をとらえようとしていた。

71年4月、宮脇はその経団連の環境問題研究会に呼ばれ、講演を行う。宮脇は、自身

のエコロジー哲学を語り、満場の拍手に包まれていた。

その講演を行った週のある朝、宮脇のもとに一本の電話がかかってくる。

電話の主は新日本製鐵内にできたばかりの環境管理室の式村健室長だった。企業、中でも重化学工業は公害問題の矢面《やおもて》に立たされていた。そのために、新日鐵では環境管理室（のちに環境管理部）を設置し、対応を始めていた。騒音、粉塵、排水問題と周辺住民とのトラブルは全国の製鉄所が抱えている難題だった。地元住民との軋轢《あつれき》が生じ始めていたのである。環境管理室が社内に新たに設置されたのもそんな背景からだった。

式村は、電話で、

「先生に是非協力していただきたい。先生のおっしゃる森を製鉄所の周りに作りたい」

と言った。宮脇は突然の電話に驚きながら、少し躊躇《ちゅうちょ》した。当時、公害の元凶のように言われ始めている企業に協力するのはまずいのではないか、と反射的に思ったのだ。

宮脇は結局、後日、

「植えられた植物は命をかけている。もしあなたたちに職を賭してもやるだけの覚悟があれば、私も泥をかぶって協力しましょう」

と約束する。森を作ること増やしていくこと自体は何ら悪いことではない、と判断したのだ。

ほどなく新日鐵全10製鉄所での森づくりが決まった。

宮脇がその後連綿と続けていくことになる「ふるさとの木によるふるさとの森」の第一歩だった。

環境管理部の初代総括課長に任命されたのは中川秀明だった。中川は始めてすぐに強い向かい風を感じている。社内からは鉄を売ってなんぼの会社がなぜ森づくりに金をかけるんだという声が聞こえてきたし、マスコミは公害企業のごまかしにすぎないという論陣を張り、容赦《ようしゃ》ない攻撃を仕掛けてきたのだ。

広大な土地での森づくりには初期投資として莫大な金が必要だった。とりわけ、マウンド（盛土）作りには金がかかった。溶鉱炉を作ると言えば予算は出るが、緑を育てるなどと言っても予算がつくはずもなかった。中川たちは結局、最初に少し森づくりを始めて、それから形ができたところでその実績を示して常務会に予算を要求するという方法で計画を推し進めていくことにする。

中川たちがそこまでして森づくりを推進しようとしたのは、宮脇理論を完全に信じたからだった。

最初に森づくりをスタートさせたのは、新日鐵大分製鉄所だった。初代大分製鉄所長となった相原満壽美専務が森づくりに積極的だったため、実験場としては最適だったのである。工場はまだ埋め立て地に建設途中だった。すでに製鉄所脇では植林も行われていたが、潮水の塩分のせいでなかなか木はうまく育っていなかった。敷地内に点在する支柱に支えられた成木は、根の酸素欠乏によって枯死していた。塩分を含んだ地下水によって根が浸蝕されているのは明らかだった。

宮脇が考えたのは、まず、海水に浸蝕されない地面が必要であるということ、種は直《じき》播《ま》きではなく、ある程度成長させてから植えないと厳しい環境に耐えられないということだった。

宮脇は製鉄所近隣の調査に入った。地域の植生を調べるためである。

製鉄所の近くにある宇佐神宮に足を運んでみると、そこには、30メートルになろうというイチイガシ、スダジイ、タブノキ、アラカシなどの見事な常緑樹がそびえ立っていた。神社の許可をもらって、そのドングリを拾い集め、種を確保することにした。シイ、タブ、カシ類の1本の老木からはおよそ2万個ものドングリが落ちる。量としては十分だった。問題は、いかに芽を出させ、活着させるかだった。深根性直根性のこれらの常緑樹を植えるのは容易なことではなかった。

結局、熟考の末、小さな容器に苗を育て、根を充満させる方法が選択される。ではその容器を何にするか。中川たちが考え出したのは、鉄の容器を用いることだった。工場の中には薄板の断片がいくらでもあった。その鉄の薄板でバケツを作り、そこに種を植える。そして、その薄板のバケツごと土に埋めてしまおうというのだ。鉄はやがて錆びて腐り、直根性の根は鉄を突き破っていくと考えたのだ。しかし実際にやってみると、鉄はなかなか腐らず、植物の生長の方が速くてうまくいかない。あるいは木の皮で容器を作ってみたりもした。そんな試行錯誤を繰り返しながら、最終的に採用されたのはビニール製のポットだった。口径12センチ、高さ15センチほどの容器の上に腐葉土、下に水はけのいい土を入れ、そこに芽が出て2～3センチの苗を植える。そうすると、1年半ほどで根がポット内に充満し、30センチから50センチの苗木となる。そうやって育てた苗木を「混植密植《こんしょくみっしょく》」で植樹地に植えていくわけだ。

また最も金のかかるマウンドは、鉄鉱石をとった残りのスラブ（鉱滓《こうさい》）を下に敷き、その上に有機土壌をのせる方法で予算額を抑えた。

結果はもちろんすぐには出なかったが、大分工場での森づくりが一応スタートしたことで、各製鉄所での森づくりも少しずつ動き始める。

大分に続いて森づくりが行われたのは名古屋工場だった。

ただ、この名古屋工場ではちょっとした騒動が持ち上がっていた。

大分工場同様、宮脇は名古屋工場の周辺を調査し、潜在自然植生が何であるかを調べている。その結果、森の主役である高木常緑樹の70パーセントをタブノキとし、残りをシイノキ、アラカシなどとすることに決めた。幅100メートル、長さ実に5キロの森が工場を取り囲む計画である。名古屋工場もまた埋め立て地であったため、3メートルから5メートルのマウンド作りのための客土が必要だった。

土台ができあがり植樹を始めるという連絡を受け、宮脇、新日鐵の式村健環境管理室室長、中川総括課長らが現地入りする。名古屋工場の課長や掛（係）長らもそろう。万単位の植樹とあって、現場を担当するふたつの造園会社の社長以下社員たちも現地入りしていた。

しかし、いざ植栽現場についてみると、驚いたことにそこに準備されていた苗木はタブノキではなかった。

宮脇は、

「これはタブノキじゃないじゃないですか」

と抗議した。新日鐵の掛（係）長は、

「いや、これはタブノキです」

と言う。宮脇はむっとして、

「いや、違う。これはシロダモだ」

と返す。掛長はそれでもなお、

「契約書にタブノキと書いてあるからタブノキです」

と抵抗した。何千本という苗木がすでに運び込まれているのだ。簡単に違いましたと引っ込むわけにもいかなかったのだろう。そのやりとりを聞いていた造園会社の社長が口をはさんだ。

「いや先生、これはシロタブとも言います」

宮脇は我慢ができなかった。

「シロタブとも言うかもしれないけれど、これはタブノキじゃない。タブノキの子分のシロダモだ」

宮脇は、森の主役となる木を平然と取り違えたことに腹立たしさを覚えていた。主役の高木があってこそ、子分の亜高木も、低木も生え、バランスのとれた森ができるのだ。気まずい雰囲気が流れた。式村をはじめ新日鐵の人々にはどちらの言い分が正しいのかわからなかった。

説得する材料が必要だった。宮脇は全員を近くの鎮守の森に連れて行くことにする。新日鐵の社員、造園会社の社員ら十数人がぞろぞろと神社へ向かう。

到着した鎮守の森には、高さ40メートルもあろうかというタブノキがそびえていた。

その下に、シロダモがポツンポツンとあった。シロダモの葉の裏は白く、タブノキとは明らかに形状が異なっている。

宮脇は、タブノキを見上げ、シロダモを見せながら造園業者に強い口調でこう言い放った。

「これがタブでこっちがシロダモじゃないですか。もし、プロの植木屋であるみなさんがタブと注文を受けながら、シロダモを植えていらっしゃるのなら、それは詐欺《さぎ》じゃないですか。もし、知らなかったなら、業者の資格はないんじゃないですか」

造園業者に弁解の余地はなかった。

その出来事から1週間もたたないうちに、件《くだん》の造園業者から宮脇のもとに一本の電話が入る。

「先生、本当に申し訳なかった。私たちは知らなかったんです。ちょっと勉強しなきゃいけないので、島根大学の林学科を出たばかりの青年をあずけるから教えてやってください」

という内容だった。

やってきたのは、そののち宮脇にとって植樹の際の現場パートナーとなる前田文和だった。入社1年目の前田は、現場に出て造園を手伝っていたが、いまひとつ仕事には身

一部の樹木の研究だけで、聞いたことのないような多種多様の植物が次々と読み上げられると聞き返すことができない。いくら前田が島根大学で林学をやってきたとは言っても、いうとぼそぼそと植物の名を読み上げる。一方の前田は奥ゆかしい性格で「何ですか」ら見ても前田には負担が重すぎるように見えた。しかも、琉球大学の教授はどちらかと授の3人でチームを組んだ。亜熱帯の鹿児島は、ただでさえ植物の種類が多く、藤原かたとえば、鹿児島の調査では、宮脇の研究室にいた藤原一繪と琉球大学の新納義馬教なるともはや聞き取ることすら困難だった。初めて聞く植物の名前も少なくなかった。ったのだ。木の名前だけならまだしも、方形区の遠くの方から読み上げられる草本類との数字を調査票に書き込んでいくのだが、慣れない前田にはもう何が何だかわからなか査は実に辛いものだった。宮脇や他の研究員が読み上げる植物の名前、被度、群度など大学でもさして植物の名前を覚えてこなかった前田にとって、当初、現地での植生調

かり出されることになるからである。にアパートに帰れた日数は数えるほどだった。北海道から沖縄まで休みなく現地調査に前田は、横浜にある宮脇の家の近くに三畳一間の安アパートを借りた。しかし、実際

はいいチャンスだぞ、と思っていたのである。が入らないという状態で、新しい世界が見られるなら大歓迎という気持ちだった。これ

れていく中でよくやっていると藤原は思っていた。それは特訓と言ってもよかった。

前田はただただ必死にくらいついていた。北海道では手がかじかみ、九州の山の中では体中を蚊に食われながら、それでも前田は懸命に書き留めた。雨で調査票が破れ、宿に戻ってから読み返すことができず、「今日のみんなの働きは君のおかげでパーになった」と宮脇から責められたこともあった。昼間の調査で疲れ果て、夜は睡魔との戦いになる。それでも宮脇は容赦なく「文和、お前、何のために来たんだ。居眠りしてたらダメじゃないか」と喝を入れてきた。

もっとも、前田にとっては、それは実に貴重な経験でもあった。植物の名前を覚え、植物の性質を身体で知ることができたからだ。葉を知り、幹を知り、根を知った。植生図の書き方を学んだ。何よりも、宮脇の植生に対する情熱、調査に対する狂気は、のちの前田の人生の糧《かて》となった。

名古屋工場に続いて、宮脇が森づくりを行ったのは、日本最古の製鉄所、北九州の八幡製鐵所だった。大分、名古屋同様、ここでも現地調査をしたのちに木の種類、本数など細かく指示した「植樹の処方箋」を出しておいた。しかし、宮脇は現場に向かう途中、愕然とする。点々と植えられていたのはリストにないマツだったのである。

八幡製鐵所に着くと、すぐに所長以下と対面した。

宮脇は、幹部を前にこう言った。

「私はマツは指示しなかったんだけれども。どうせマツクイムシにやられたりすると思うので。潜在自然植生にそって、シイ、タブ、カシ類を中心に処方箋を出していたと思うんですけど、どうしてマツを植えたのですか」

その場の誰もが黙り込んだ。所長の水野勲副社長が口を開いた。

「先生はそう言われているけれど、どう思うか」

土建課長が答える。

「いや、タブやカシはなかなかないし、値段が高いものですから。マツはいくらでも手に入るし安いから植えました」

木なら何でも同じだろうという考えである。宮脇にはその独断が信じられなかった。一方で、日本人の白砂青松《はくしゃせいしょう》好き、松竹梅信奉を改めて思い知った。マツはもともと日本には局地的にしかなかったものであり、竹も梅も、もとをたどれば中国から入ったものである。

もっとも、新日鐵側にしてみれば、宮脇のやり方は少々強引な感じがしないでもなかった。従業員がそれまで、花が綺麗だからと育ててきたキョウチクトウを見て、今後は植えないでくださいと言ってみたり、桜の木を拒んだり、厳格すぎるように映ったのである。たとえインド原産のキョウチクトウであっても、それまで従業員はその木に水をやったりして愛《め》でてきたのである。宮脇の論理は一般従業員にはなかなか呑み込めるものではなかった。常緑広葉樹は丈夫で長持ちすると言われても、ピンとこない人間がほとんどだった。

この頃の宮脇は、若さも手伝ってひたすら真っ直ぐに正論を主張するようなところが強く見られた。偽物に耐えられず、すぐに怒りを噴出させてしまうのだ。木材生産目的以外のスギ、マツ、ヒノキ、カラマツは宮脇にとっては偽物としか映らないのである。

日本の平地、丘陵、低山地の森林の自然分布はほぼ、シイ、タブ、カシ類のように葉が厚く、光沢があり、冬も葉を落とさない常緑広葉樹林帯に属している。太陽の光で照ることから、照葉樹林とも称される。一方、北海道と東北北部や山地、また関東以西の地域では700〜1600メートルまではブナ、ミズナラ、カエデ類など落葉広葉樹林帯である。秋に紅葉し、冬に葉を落とす。このふたつの樹林帯のさらに上部1600〜2500メートルにはシラビソ、オオシラビソ、コメツガなど、北海道ではエゾマツ、トドマツの亜高山性針葉樹林帯がある。さらに日本アルプスの2500〜2600メートル以上はいわゆる高山帯に属す。

にもかかわらず、日本の山林を覆っているのは、スギ、マツ、ヒノキ、カラマツといった針葉樹林である。元来、針葉樹林は広葉樹林の隙間に生育したにすぎなかった。しかし、江戸幕府、それ以降の政府による造林政策によってスギ、マツ、ヒノキ、カラマツの植林が始まり、第二次世界大戦後は、カラマツ造林も含めて、これに一層の拍車がかかった。

『植物と人間』の中で、宮脇は、アカマツに関してこう記している。

「(略)アカマツのふるさとともいうべき自然林は、瀬戸内海沿岸ぞいの、また花崗岩の風化した貧養、乾燥、強酸性の山地の尾根ぞいや、急斜面のような、他の広葉樹が生育困難なきびしい立地に限られていた。(略)すなわち、自然状態では、アカマツはきびしい環境条件には耐えられるが、高木になるおなじ生活形の広葉樹に対しての競争力は劣っている。(略)ところが、数百年来、人間が伐採、火入れ、下草刈りなどの様々な人為的干渉を行い、低地の広葉樹林を破壊したために競争相手がなくなり、当然アカマツの生理的最適域である肥沃な平地や低地に広く生育して、アカマツ亡国論がでるほど、どこにでもアカマツが見られるようになった。しかも東海道や水戸街道の街道筋などの人間の生活域では、すでに数百年前から、カシ林などの常緑広葉樹林が破壊されていたことは、当時の絵画からも判定できる。江戸時代の画家の筆になる東海道五十三次や山水画には、自然植生の常緑広葉樹を描いたものは見当たらない。絵の大部分は、山地や低地にはアカマツ、海岸にはクロマツが描かれている。この事実からみても、すでに数百年前から、競争力は強いが、きびしい環境条件や伐採、下草刈り、火入れなどくりかえし行われる人為的影響下では、生育困難な常緑広葉樹林の構成種である内陸のシラカシ、アラカシ、イチイガシ、ウラジロガシや、海岸沿いのスダジイ、タブに代わって、海岸にクロマツ、内陸にアカマツが二次的に広く生育しているものと考えられる。」

しかし、こうしたマツ、スギ、ヒノキ信仰は、『植物と人間』の上梓《じょうし》から10年余を経た80年代に入って一気にしぼみ始める。安価な外国材が入ってくると同時に和風木造建築そのものが減少していくからである。ひどいときには、スギの木1本が大根の値段と同じというぐらい下落してしまうのだ。日本の林業は大きなカベにぶち当たる。国内の木材は使われることがなくなり、各地の人工林で次々と生産が滞《とどこお》り始めるのだ。やがて間伐の行われない山林が増えていく。手を入れ続けなければならない人工林が放置されれば、山は荒れる。

そんな山の現実は、都市で暮らす人々には、もちろん届くはずもない。人間が自然を破壊したあとにできたものを古来のものと信じきっていることはある程度仕方ないとしても、それがすべてだと思っているところに問題があると宮脇は見ていた。しかも、マツはいまや「毒」（薬剤）をかけ続けなければ枯死してしまう厄介な木なのである。それでも、日本人のマツに対する思いはよほど強いようで、企業や行政による防災環境保全の森づくりでもマツを植えたがる人々は思いのほか多く、しばしば説き伏せなければならなかった。

新日鐵の場合もまさにそうだった。

宮脇は、幹部たちを前にして語気を強めた。

「世界一の製鉄会社と自信を持っている、いばっている新日鐵は、偽物はたとえタダでも、植えるべきではないんじゃないでしょうか」

それでも掛長が、

「課長、部長、まだ5万本のマツの苗があるんですけれど、どうしましょう」

と言うと、副社長が、

「黙ってろ、お前は」

と声を荒らげた。

宮脇は、なぜマツが土地本来の本物の木ではないかを説明しなければならないと思った。

「どこかこの近くに神社はありませんか」

と尋ねると、副社長が、

「八幡製鐵が日本で最初の製鉄所としてできたときに、高見神社という鎮守の森をつくっています」

と答えた。1940年頃に移設された比較的新しい神社である。

全員で足を運ぶと、そこには見事なシイ、タブ、カシ類が育っていた。

「これが本物の森です」

宮脇は胸を張った。

八幡製鐵所では、ほどなくシイ、タブ、カシを中心とした森づくりが始まった。

60年代の終わりから70年代にかけて、調査依頼の増加に合わせるかのように、宮脇の下には、全国から続々と若い研究者たちが集まり始めている。

当時、横浜国大には理学部がなく、助教授時代は学芸学部の中で研究をしていた。その後66年に学芸学部が教育学部に変わり、73年に教授に就任したのちも、専門学部にはなっていない。ただ、73年教授に就任すると同時に、環境科学研究センターを作り、拡充を図った。しかし、生態学の大学院はなく、当然のこととして宮脇に学位権はなかった。それでも若い優秀な研究員たちが宮脇を目指して続々と集まってきたのは、そこに来ればなにかが得られる、と本能的に感じていたからなのだろう。

「尾瀬ヶ原の湿原」をテーマに宮脇や大場から指導を受けて卒論を書いた藤原一繪は、もともと植物学者を目指していたわけではなかった。しかし、次第に「植物をやればやるほどわからないことが出てきて、結局その答えは自然が教えてくれる」という自然のおもしろさに魅せられていき、宮脇と同じ植物学者の道を歩むことになる。ほどなく藤原は、多いときには年間50もの調査を引き受けてしまう宮脇の右腕として研究室を牽引していく。

70年に東北大学を卒業し、藤原に続いて入ってきた鈴木邦雄もそんなひとりだった。鈴木は宮脇のことはよく知らなかったが、指導教授の飯泉茂に「今後注目される領域と学者」を挙げてもらった中に「植物社会学の宮脇昭」があったのだ。

いざ、横浜国大に来てみると、20平方メートルほどの狭い部屋に大学を出たばかりの研究生たちが7〜8人集まっていた。大学院でもなく、実験室としての設備もない教育学部に集まってきた、いわば粋狂《すいきょう》な人々である。しかし、そこには宮脇という強力な引力があった。植物社会学という新しい学問があった。鈴木自身は、大学を卒業する直前まで植物社会学という学問があること自体知らなかった。その世間に知られていない学問を普及させようという宮脇の強い意志を鈴木は入ってすぐに感じた。同時に、宮脇の身体からはハングリーな匂いが強烈に発散されているようにも思った。そのハングリーさを研究生たちに押しつけてくるような部分もときどきあったが、それでも気にならずについていけたのは、宮脇に底知れぬ学問的魅力を感じ、尊敬できたからだ。

鈴木は横浜にやってきてから最初の5～6年、宮脇の自宅のすぐ近くに下宿している。しばしば行き帰りをともにしたが、身近にいればいるほど宮脇には研究しかないのだ、ということがわかってくる。生活のすべてが研究を中心に回っていた。自分の研究のためならあらゆるものを犠牲にするという覚悟をそこに見た。最大の被害者は家族だった。ときどき宮脇の家族とも食事をともにしたが、そんな場においても宮脇の目は研究の方を見ている気が鈴木にはした。そこからは一家団欒《だんらん》の匂いを感じ取れなかった。

しかし、そうやってあらゆるものを犠牲にしながら、海外に出、国内の調査地を飛び回ったことで、宮脇には誰にも負けない経験の蓄積ができたのだろう。見たもの、触れたものを誰よりも多く抱え、それをオーソライズする。宮脇のそんな研究一筋のハングリーな姿勢を鈴木邦雄は肌で感じていた。

78年にはこんなことがあった。

ボルネオに調査に行ったときのことだ。宮脇も鈴木もボルネオは初めてだった。現地の法人、合弁企業の協力を得て、ボルネオ島カリマンタンの熱帯雨林の中で3カ月の現地植生調査を無事終え、ジャカルタに戻ってきた一行は、ジャカルタからクアラルンプールに移動する前夜、市内唯一の日本レストランで簡単な食事をした。食後、全員で港に向かって散歩を始めると、鈴木が少しずつ遅れ始める。青い顔をしている。宮脇は、同じ研究生のひとり原田洋に「鈴木君を連れて先にホテルに帰れ」と指示をした。しばらくして、一行がホテルに戻ると、先に戻っていた鈴木は下痢と嘔吐を繰り返すひどい状態に陥っていた。思い当たるのは、天ぷらうどんのエビである。中国系の医者からは「正露丸を60粒飲め」と言われた。これで、鈴木は完全にダウンだった。たった一晩で憔悴《しょうすい》しきった廃人のようになってしまったのである。

しかし、宮脇に計画を変更する気は毛頭なかった。場合によっては鈴木ひとりをジャカルタに残していくことも考えたが、調査計画はそのまま実行するつもりだった。研究とはそういうものだ、という信念が宮脇にはあった。以前、調査中、紀伊半島でバスが崖から転落し、恩師の堀川芳雄が足の骨を折ったときの一件が宮脇の頭にはあった。堀川は病室で、計画を中止しようとする助教授に、そのまま続けろと指示したのである。宮脇にとってはそれこそが「本物の研究者の生き方だ」と映っていたのだ。

結局、鈴木は翌朝、調査隊とともに這うようにしてクアラルンプールへと移動した。

鈴木にとって、宮脇の研究室は居心地の悪いところではなかった。まず、比較的、自分のやりたい研究を自由にやらせてくれる雰囲気があった。調査や報告書の書き方でもあまり枠にはめるようなところがなかった。国内の調査では金を負担せずに行けたし、報告書は自分たちの実績になる。データは取り放題だった。他の研究者がアルバイトをした金で調査に行くのに比べればずっと恵まれていると感じた。ときに「遅くまで研究室にいろ」という形式論にうんざりすることがなかったとは言えないが、研究室での作業が終わったあとに、研究生だけで誰かの下宿に行って議論の続きをするようなところもあったから、結局は宮脇の下で新しい学問を立ち上げるという気持ち、自負心と向上心を全員が持っていたのだ、と鈴木は思っている。

横浜国大を出て、鈴木より1年早く宮脇の研究室に入った原田洋も同じだ。調査に出れば、朝早くから日が落ちるまで植生調査を続け、宿に戻って植生調査票を整理する日々を繰り返し、横浜の研究室ではひたすら表に被度群度を書き入れ、群落表にしていくという気の遠くなるような地味な作業を続けた。しかし、それを辛いとも思わなかったのは、植物の名前を覚え、作業の手順をマスターし、植生の見方がわかってくるとそれなりに楽しくなってくるからだった。しかも、宮脇の調査地は日本中に広がっていた。そこにタダで連れて行ってもらうだけでありがたかった。

宮脇はときに怒ることもあったが、決していつまでも引きずるような怒り方ではなかった。差別もなかった。宮脇が常に言っていた「本だけに頼るな、研究室でどうこう考えるな、まずは現場に行け」は、いま、母校の教授となった原田が学生たちに語る言葉でもある。

藤原一繪、鈴木邦雄、原田洋ら研究生たちは、日本中の植生調査に出かけて行っては、帰還し、まとめ、再び出て行くということを繰り返した。

宮脇からすれば、手弁当で一緒に勉強したいと集まってきた研究生たちはありがたかった。ドイツのチュクセン教授が国立植生図研究所を作ったときに若い人々が集まってきたのとどこか似ているな、とも感じた。また、研究生たちの手助けがなければ、現地調査ができないというのも事実だった。

70年代前半、新日鐵全工場の植樹をスタートさせた頃、同時に宮脇の日本各地での植生調査は一気に増え始めていた。各企業、行政からの委託調査が次々と舞い込んでくるのである。

ただし、宮脇は、依頼があれば何でも引き受けるというわけではなかった。宮脇は、自分の研究の役に立たないものは、いくら研究費を拠出されようが、すべて拒むという明確なガイドラインを設けていたのだ。人間を含めた生命集団とそれを支える環境、三十数億年の命の歴史の過程の中にあるいま、それらが過去どういう歴史を引きずってきたのか、それを知りたいがために研究をやっている——。宮脇はその信念を崩さなかったのである。したがって、宮脇は、報告書には必ず欧文を添付することを依頼者に認めさせた。世界の学者が読めるようにしたのである。別刷を５００冊刷ることを受託の条件としたのも、世界の学者、研究機関に送るためである。そして、そんな厄介な条件がつくにもかかわらず、依頼は続々と舞い込んできた。自然破壊や公害問題が深刻になり、世間が対応策を模索し始めたことも追い風となった。

また、１９７４年に工場立地法が施行され、新しく工場を作る場合、敷地内の20パーセント以上の緑化が義務づけられたことで、各企業は環境アセスメント的な調査だけでなく、森づくりを次々と宮脇に依頼してくるようになる。

企業が頼ってくる理由のひとつは、宮脇が提唱する環境保全林、ふるさとの森、災害防止林が最初の3年のメンテナンスだけで、あとはほとんど管理しないですむというその経済性にあった。先見性、進取性のある地方公共団体や企業が宮脇の門を叩いた。その中のひとつ、本田技研の狭山工場では、それまで、芝生の中に支柱で支えた木をぽつりぽつりと植えていた。しかし、これを維持管理する金がばかにならなかった。毎年実に２０００万円もかけていたのである。しかも、芝生と森ではその緑化面積はおよそ30倍も違うのである。CO_2の吸収力、騒音の防止という点でも芝生と森では比較にならない。芝生だった工場の周囲は、いまや立派な森へと生まれ変わっている。

宮脇は、次々と潜在自然植生に基づく森づくりを実践していった。

こののち、宮脇の仕事は大きくふたつの柱によって進められていく。ひとつは、専門研究である内外各地の植生調査、植生単位の決定と地球規模での植物社会学のシステム化、次いで、各群落単位の面的広がりを示す現存ならびに潜在自然植生図化である。そしてもうひとつは、土地本来の本物の森づくりである。

宮脇は、精力的に日本全国の植生調査を研究室の研究生たちとともに続けていく。

そんな宮脇の研究室に思いもしない朗報が舞い込んでくる。東大でも京大でもなく、横浜国大の一教授のもとに、実に大きなチャンスが巡ってきたのである。

それは、全国の植物生態学者が116名も関わることになる大プロジェクトだった。

何百年も何千年もその土地の人々と生きてきた土地本来の森が一番大事なのではないか

全10巻、本文6000ページ、現存ならびに潜在自然植生図、別冊群落組成表合わせて総重量実に35キロにもなる『日本植生誌』のための調査がスタートしたのは、1978年のことだった。それまで宮脇昭が日本各地で断続的に行ってきた植生調査をベースにして、日本中の植生を調べ上げ、1年に1巻ずつ10年かけて刊行しようという壮大な計画だった。

文部省が拠出する科学研究費補助金とその研究成果公開促進費によって、現地研究調査費用と印刷費用のほとんどはまかなわれることになっていた。

第1巻『屋久島』のまえがきに宮脇はこう記している。

「(略) 本書の日本植生誌は、単に個々の地域の任意的な、あるいは局地的な植生誌ではなく、地球的観点から日本列島全域の植生を、できるだけ体系的にまとめようと計画された。しかも、多様な自然環境の総和として成立している自然植生から、様々な人為的干渉下に形成され、持続している代償植生まで日本列島のすべての植生を調査、体系化し、地域別に、できるだけ精度高くまとめようと努力されている。（略）」

『日本植生誌』の刊行順、構成は以下のとおりである。

第1巻屋久島（1980年）
第2巻九州（1981年）
第3巻四国（1982年）
第4巻中国（1983年）
第5巻近畿（1984年）
第6巻中部（1985年）
第7巻関東（1986年）
第8巻東北（1987年）
第9巻北海道（1988年）
第10巻沖縄・小笠原（1989年）

宮脇は、研究室のメンバーを中心に調査チームを組んだが、当初から全国の大学の生態学系の研究室にも協力を依頼するつもりだった。植物社会学的システムは宮脇の研究室が中心となって行う予定だったが、気候条件、温度条件、歴史条件などに関しては地元の人の方が精通している。そこで、各巻を刊行する2年ほど前にたとえば東北なら東北大学の生態学を専攻する飯泉茂教授宛に依頼書を書き、協力を請おうというのである。しかし、宮脇はまだこのとき50歳になったばかりで、ほとんどの相手が先輩という立場だった。おそらく、かなりの率で断られるだろう、と覚悟した。宮脇は、手書きの手紙をしたためた。

ふたをあけてみると、断ってきたのは、宮脇の母校である広島大学の先輩教授わずかふたりだけだった。他の教授、研究室は協力を約束してくれたのである。しかも、いざ調査に入ると、誰もが手を抜くことなく献身的に調査に協力し、原稿を書いてくれた。宮脇は望外の反応に深い感銘を受けていた。

すでに宮脇は、この『日本植生誌』にとりかかる以前、日本中の植生調査を各地で行っている。町、山、海岸と、北は北海道から南は沖縄まで調査済みの地域はいくつもあった。しかし、それはまだいわば虫食い状態の調査にすぎず、もう一度総ざらいし、システム化する必要があった。たとえば、将来的にどこの自然を残すかという環境保全の問題においても、全国的なあるいは地球規模的な比較が可能なシステムや尺度が必要となる。『日本植生誌』は、そのガイドとなるものでもあった。

宮脇の『日本植生誌』刊行を推し進めたひとりが、当時文部省にいた西尾理弘だった。西尾は出雲市長になったのちも宮脇の「ふるさとの木によるふるさとの森づくり」に共鳴し、地元の森づくりを推進していく。

西尾が最初に宮脇に会ったのは1976年、宮脇が日本ユネスコ国内委員会の調査委員に選任されたときである。西尾は、ユネスコの「人間と生態系の研究プロジェクト」をまとめる学術情報課長だった。西尾の目には、他の委員の誰よりも印象深い人物として宮脇は映った。宮脇の言葉には空理空論ではない説得力があったのだ。経験主義、実証主義的に植生学を構築してきたのがわかったし、何よりも情熱と強い意志が見てとれた。

実は、『日本植生誌』は、4年目に入る前、1回補助金を打ち切られそうになっている。文部省の審査会で、「あまりにも同じ案件に対して長期間にわたって補助金を出し続けすぎるのではないか」という批判が出たためである。そして、事実、別の案件に対して補助金が出されることが決まり、一時的に『日本植生誌』は「補欠」へと押し出される。抵抗したのは西尾だった。「これはシリーズで完成して初めてモノになる。1巻でも抜けてはいけない。日本全国の植生を全部解明することが必要なんだ」と西尾は主張した。この西尾の意見によって決定はくつがえり、結局、10年間変わらず予算は付くことになったのである。

現地調査ならびに植生図の作成は、宮脇門下の研究生たちにとって、それなりの負担となり、またこの上ない経験となった。

最初の調査から参加している鈴木邦雄にとっても実に高いモチベーションを保てる研究だった。まず、日本では誰もやっていない仕事であることが大きかった。植生図で日本全国を覆ってしまおうというのだ。そして、それに参加した者として永遠に名は残る。次々と日本全国を植生図で塗りつぶしていく快感は、開拓者にしか味わえないものだった。そして、そうやって作った『日本植生誌』は、のちに植物を研究する者、植生をやる者が避けて通ることのできない参考書となるのだ。研究者にとってこれほど痛快なことはなかった。

高校時代、刊行されたばかりの宮脇の著書『植物と人間』をテキストに勉強会を開いたこともある鈴木伸一が宮脇の門を叩いたのは、藤原一繪や原田洋、鈴木邦雄らから遅れることおよそ10年、79年4月のことだった。鈴木伸一が実際に『日本植生誌』の制作に参加するのは、第3巻の四国からである。鈴木にとっては、年がら年中ひたすらこき使われていたという印象が強い。野外調査に出ないときは、とにかく遅くまで研究室に残っていることがよしとされる点もしんどかった。雑用が山ほどある中で、独自の研究テーマも見つけていかなければならないわけで、研究室から与えられたテーマだけに埋没しないという自戒も必要だった。鈴木伸一は、そんな環境の中で「二次林」というテーマを見つけ、のちにこれを博士論文とする。

現地での植生調査は、だいたい3人ぐらいを1パーティとして行う。東京から安宿を予約し、たとえば、四国であれば、夜行列車で岡山の宇野まで行き、そこから宇高連絡船で高松に入る。高松でレンタカーを借り、3人1組のパーティがばらばらに散っていく。高松から宿に行くまでの道をしらみつぶしに調査していくのだ。それこそ路傍のオオバコ群落の類からシイ、タブのような大木林まで、片っ端から調査、測定し記載していく。町中に残る屋敷林や神社仏閣の森、あるいは山という山の森や草木もすべて網羅する。そして、日没まで調査を続け、宿に戻る。わからない植物はその場で図鑑などを使って調べる。肝心なのは、とにかく植物の名前や群落などの整理を後回しにせずに、なるべく現地の宿で確認、解決してしまうことだ。横浜の研究室に持ってきてやろうとすると、どんどん仕事はたまっていく。本当にわからないものだけを押し葉にして持ち帰る。したがって、宿で酒を飲んでゆっくり、ということがほとんどない。第一、宮脇は酒を口にしないのだ。夕食後はすぐに昼間調査したもののまとめに入らなければならなかった。

最も大切な植生図は、以下のようにして描かれる。

まず、現地で大雑把に見た目の植物や植物群落を色鉛筆で書き分け塗り分ける。これを相観図という。それを宿に持ち帰り、調査ポイントを地図に落とし、航空写真と照らし合わせ、その広がりをチェックし、色鉛筆で細部まで描く。

方形区内にあるすべての種類の植物の群度と被度を記載した調査票とこの植生図がワンセットとなって、植物社会学としての調査は完璧なものとなる。

そんな調査をだいたい1週間続けると、ようやくいったん横浜の研究室に戻ることができるわけである。

こんな方法で、10年間にわたって日本全国の植生を調べまくったのである。

毎年3月24日までに印刷製本し、5部文部省に提出するというのが規定だったから、締め切り直前は徹夜続きだった。被度、群度を校正・校閲するだけでも、気の遠くなるような作業が必要だった。

『日本植生誌』の別の意味での特徴は、地方大学である横浜国大の一研究室の人々が中心になって動かしていったということだろう。満足な部屋も与えられていない、機器もそろっていない、予算も少ない地方大学が成し遂げたというところにもうひとつの意義がある。それを支えたのは、宮脇昭という強烈な個性に惹《ひ》かれて集まってきた20代30代の若い研究者たちである。「地球というラボがあり、身体という測定器がある」という宮脇の言葉を信じ、研究者たちは、現場を走り回り、測定を繰り返した。『日本植生誌』はそんな汗の匂いに満ちた労作だった。

もっとも、『日本植生誌』に批判がないわけではない。その性急な作り方に抵抗を感じ結局参加しなかった大場達之は、日本全国をやるには時間的に無理があったのではないかと見ているし、四国の巻から参加した鈴木伸一もまた、まだ不完全だと感じていた。日本全体でどうなっているかというところまで見ないと群落の最終的なシステムはわからないだろう、というのがふたりの共通の見解だ。つまり、地域地域の群落をとらえても、日本という国全体で見た地域間の違い、類似性がいまなお十分にとらえられていないというのである。ただ、ある期間を区切って、人員を動員して一気にやらなければ完成はおぼつかないわけで、そういう意味では、最短期間内にできうる限りのものを作ったとは言えるのではないか。

もっとも、『日本植生誌』が単に10年間でできあがったと見るのは早計なのかもしれない。それはいわば宮脇がドイツから帰ってきて以来行ってきた日本における植生調査の集大成ともとらえることができるのである。

『日本植生誌』を2巻目まで刊行し終わった81年5月、師チュクセンが逝去する。享年81歳。チュクセンは、その数年前から咽頭ガンを患《わずら》っていた。弟子たちはケルンかボンの病院で手術を受けさせようとしたが、チュクセンは頑《かたくな》に手術を拒み続けていた。声は日を追うごとにかすれていったが、逝く前年までは、それでも学会や講演をこなしていた。

亡くなる10日前、宮脇は病床のチュクセンを見舞った。チュクセンは国立植生図研究所長を定年で退いた後、ストレチュナウから古い大学の町リンテルンへと移り住んでいた。ブナ林と牧野の南向きの傾斜面に建てた自宅兼研究所で最期の時を迎えようとしていた。

チュクセンは、ガンでやせ細った手を差し出し、宮脇の手を握り微笑みながら言った。声にはハァーハァーというかすれ音が相当混じっていた。

「ブラウン（・ブロンケ）が種を播《ま》き、大きくした植物社会学に私が植生図という幹を育てた。やっとお前が日本で初めて新しい緑の環境、森の再生回復という花を咲かせ、実をつけ始めてくれている」

『日本植生誌』の完成後、宮脇昭の目は、さらに環境保全林の方へと向いていくことになる。90年代に入ると「ふるさとの木によるふるさとの森」づくりへと一気に傾斜していくのだ。植生調査に関しては、『日本植生誌』でひとまず区切りをつけた、という思いもあったのだろう。

一方、宮脇が全国で展開している森づくりは、林業や造園業を否定することになるという見方もできる。スギ、マツ、ヒノキ、カラマツは、はたして本当に不要なのか。花が街にあふれることは悪いことなのか――。業者でなくてもそう思うのだから、当事者である業者ならなおのことそう思うだろう。しかし、宮脇が目指すのは、スギ、マツ、ヒノキ、カラマツの一掃ではない。ましてや日本の林業が衰退すればいいと言っているわけでもない。花が不要だと主張しているのでもない。潜在自然植生域の0・06パーセントにまで落ち込んでしまった土地本来の森を少しでも回復したいという一念なのだ。

宮脇はこう思う。

必ずしも金にはならないかもしれない、あるいはすぐにはかっこうよく見えないものかもしれないが、何百年も何千年もその土地の人々と生きてきた土地本来の森が一番大事なのではないか。命を守り、文化を守り、遺伝子を守る緑。それは人間の教育のようなものであって、私たちの背骨の緑なのだ。災害から人を守り、環境保全機能を果たし、地球規模では温暖化を抑える。それは単なる木材生産、花いっぱい美化運動とはまるで違うエコロジカルな森なのだ。

直接ではないが、林業家の人々からの陰口もときどき宮脇の耳に入ってくる。そんなとき、針葉樹の画一的な企画品づくりにも、ほんのわずか新しいエコロジカルなノウハウを入れてやってくれればいいのに、と宮脇は思う。背骨の緑を基本にしながら、「顔には化粧」という意味で、林縁《りんえん》にはマント群落《ぐんらく》としてあでやかな花木を植えるのだ。また実際、人工林にもかかわらず、可能な限り生態系を守りながら、バランスのとれた人工林を維持している林業家も少ないながら出てきている。

たしかに、企業などで宮脇が推進する緑化は、一時的には造園屋泣かせに見えるようだ。前述のように3年までは管理が必要だし、初期の投資費用はそれなりにかかるわけだが（マウンド作りや苗木などに）、それ以降はほとんど森を管理する必要はない。メンテナンスフリーなのである。

一方の造園業者の仕事は、いままでは土地への適合よりも美の観点から外来種を含む品種を選び植える。枝を落とし、防虫の藁《わら》を幹に巻き、支柱で木を支え、さらには肥料や水を与え続けなければならない。もちろんそうすることによって、造園業者は利を得るわけである。

林業家の中には宮脇方式で植えた木を見て、「ひょろひょろして何も出てこないじゃないか」といった批判を浴びせてくる者もいる。しかし、それは、あくまでも初期においてだけで、競争段階にあるせいだった。10年もたてば太り始めるのだ。たしかに林業家の植える木は、競争を避け、疎《まば》らに植えて草刈り、ツル切り、枝打ち、間伐などの管理費をかけて、最初から規格品作りを目指す。そこに大きな差がある。目的が違うのだ。

造園家の前田文和は、現場で宮脇とともに植樹をしているだけに、宮脇への風当たりを肌で感じている。造園、林業、園芸、土木のそれぞれの分野の専門家や業者の反発をときどき直接受けることがあるのだ。メンテナンスいらず、手いらず、斜面に植えれば土砂崩れ防止となり、その後は工事いらずの宮脇メソッドは、金を使わぬ森づくりなのである。

逆に言えば、だからこそ、中国やマレーシア、ブラジルなどでも広く宮脇方式が採用されているのである。

宮脇は、戦後の日本の造園業のあり方に疑問を持ち続けている。

92年にひとりのドイツ人青年をあずかったときのことだ。

ドイツでは、林学や造園を勉強する高校生や大学生が次に進学する際に1年間の現場実習が課せられている。農家や造園業、林業の企業で働かなければならないのだ。そのドイツ青年は、日本での造園を選択し、宮脇のドイツ人の友人の紹介で来日した。

宮脇は名古屋の知り合いの造園家宅にドイツ青年をあずけた。彼は1年間働き、学士論文をまとめあげ、帰国前日に宮脇の研究室を訪ねて来た。

宮脇は、横浜中華街で夕食をとりながら、「日本でいやだったことは何かあったか」と青年に訊いた。

ドイツ青年はこう答えた。

「実は私はひとつだけ腹にすえかねることがあります。造園会社では並木を剪定《せんてい》したあと、枝葉や落ち葉、剪定した木などを会社に持って帰る。私は、これこそ素晴らしい地球資源だから、土と混ぜて有機土壌を作ろうと勧めた。ところが、そこの経営者は、そんな時間はない、焼けばいいんだと持ち帰った葉や枝をどんどん焼いてしまう。ドイツでは、毒と分解困難なもの以外はすべて地球資源だと考える。すべて土の中に混ぜながら戻し、緑を回復し、森をつくっていく。有機物を焼けばCO_2の元凶になる。これらはむしろ新しい森をつくるための最もいい生きた養分です。また、私がいくら言っても日本では剪定しなくていいものを剪定している。どうしても、ああいうことだけはやめさせてほしい。あんなムダなことはないじゃないですか。それでいて、新しく造園するときには、よそから持ってきたバーク堆肥《たいひ》（木の皮にチッソを混ぜたような堆肥）をわざわざわざ購入して、入れている。しかも生育は悪い。二重にオーナーは損をしている。これはどうしてもやめさせてほしいんです」

宮脇は、青年の言うことはもっともだと思った。宮脇自身、日本の底の浅い緑化運動や場当たり的な造園にはうんざりさせられてきたのだ。どこからか根の貧弱なよそものの木を持ってきて、3脚なり4脚の大きなつっかい棒で支える。自分で立つことのできない樹木。宮脇にはそのつっかい棒が卒塔婆《そとば》にしか見えなかった。

ドイツ青年は宮脇にこう切々と訴えた。

「私はこれから帰国して2年半後に学位論文を書きます。完成したら送ります。そのときまでにプロフェッサー宮脇にお願いしたいのは、無理な剪定はしない、是非、切った横枝や落ち葉を土に返すよう勧めてほしい」

ドイツ青年が帰国して十数年が過ぎたが、残念ながら状況はあまり変わっていない。

6章　「ふるさとの森」再生

死んだ材料は時間とともにダメになる

宮脇は、潜在自然植生域の0・06パーセントにまで減少してしまったふるさとの森、照葉樹林を少しでも回復しようと、その後も全国各地で森づくりの指導を続けていく。JR東日本、JR北海道、全国の電力会社、スーパーマーケット（ジャスコ・イオングループでは2003年11月30日現在で403店舗482万本の植樹を行っている）、各県、市町村での植樹――。

建設土木関係者の中にも早くから宮脇方式を採用しようとする者はいた。愛媛県下の野村ダムで現場の課長を務めていた尾林達成もそのひとりだった。

宮脇は、1970年代から、東京都小平市にある建設大学校（現・国土交通大学校）の研修で、年数回、建設省（現・国土交通省）や都道府県の職員研修のための講義を続けている。短期研修を受けるため全国から集まってきた職員に対しての講義である。

当時20代後半だった尾林は、この研修に参加していた。土木畑出身の尾林は、ダム工事のときに切ったり盛ったりする土にどう緑を植えればいいか悩んでいた。そんなときに宮脇の講義を聴いたのである。その席で宮脇は「死んだ材料は時間とともにダメになるし、堤防のところはやむをえないけれど、その周りの自然を破壊するんだから、深根性直根性の本来の主役を使って、いまよりもよりよい森を回復すべきである」と唱えた。尾林はとびついた。ダムの切り取り面の斜面を宮脇方式の緑で埋め尽くそうと思ったのである。尾林は現場の所長に了解をとりつけ、すぐに横浜国大に向かった。尾林を迎えた宮脇の顔はほころんでいた。というのも、もう何年も建設大学校で同じように講義をしてきたが、誰ひとりとして実践で取り上げようとする者は出てこなかったからだ。尾林は第1号だった。

宮脇は、「ただし、きちっとした現地調査が必要です」と言った。尾林は、え、木を植えるのにそんなに細かな調査が必要なのか、と思った。それでも結局、尾林は当時の調査予算としては破格の500万円をつけた。

宮脇や藤原一繪らがやってきて植生調査がスタートする。すぐに尾林は、そのやり方に驚かされる。宮脇チームがダム付近の調査だけでなく野村ダムとは関係のない四万十《しまんと》川《がわ》流域など四国全土を調べ始めたからである。尾林は上司から「宮脇グループは野村ダムの調査をするというので調査費をつけたのに、四国中調べているじゃないか」と質《ただ》された。尾林は「そのうち役に立つこともありますよ」と返した。宮脇としては、望外の予算がついたことでこれを機になんとしても四国全土を調べてしまいたかったのだ。宮脇は尾林に「全部見ないとわからないんだ」とふっかけていた。結局、宮脇は学生や研究生とともに3年間にわたって四国全県を飛び回って調査を行う。

もちろんダム周辺の調査も綿密に行われ、アラカシ、スダジイ、イチイガシなどの高木から亜高木のヤブニッケイ、ヤブツバキ、シロダモ、モチノキ、低木のヒサカキ、アオキ、ヤツデなど土地本来の木々が選定された。

従来、ダムの斜面（法面《のりめん》）は、ほとんど吹きつけによって体裁を整えていた。ウィーピング・ラブ・グラスやケンタッキーと呼ばれるアメリカ産の牧草の種を土とともに吹きつけるというやり方かモルタルを吹きつけるという方法である。しかし、牧草は冬には枯れてしまうし、根の入りも悪く、雨が激しく降ると流れてしまうことがあった。また、モルタルは、吹きつけたときが最高の状態で、あとは年々風化していくため、毎年のようにメンテナンスが必要だった。その点、宮脇方式はそれらの欠点をすべて克服しうるものだった。

しかし、現場で作業を進める人間たちは、誰もが嫌がった。他の植林地と違い、ダムの両側の急斜面には客土の移動防止のため鉄筋を打ち込み、金網を張る必要があったのだ。しかも、現場の人間には、森のイメージができない。

結局、そういう否定的な雰囲気を打ち破ったのは、ここは立派な森になる、絶対に成功する、と信じ通した尾林の姿勢だった。尾林に限らず、宮脇を支え、宮脇方式を現実のものとするのは、それを信じ、たとえ組織の中で孤立しようとも実現させようとする者たちの強靭な意志だった。しかし、実際のところ建設省内に尾林のような考えを持つ人間はほんの一握りしかいなかった。建設省が緑化を唱えるときの多くは公園の緑地化を意味していた。また、議論の対象はあくまでも量や面積や本数で、質の問題はほとんど問われないのである。しかも、道路局、河川局、都市・地域整備局、また林野庁とそれぞれがそれぞれの勝手な視点で緑の行政を縦割りで行っている。その中の変わり者が個人プレーで上司にかけ合い、誘導し、本物の緑を植えようとする、それが現実だった。

植林から25年が過ぎた2000年、尾林と宮脇は連れだって野村ダムへと出かけた。ダム堤防の法面は、鬱蒼《うっそう》とした森に覆われていた。もはや誰も手を加える必要のない森が今後何百年もそこにはあり続けるはずだった。もっとも、その後のダムというシステムそのもののあり方は、杳《よう》としてわからないわけだが。

尾林から遅れること数年、建設省の職員高野義武は、１９８０年、初めてこの小平の建設省の施設、建設大学校で研修を受けた。当時、高野は、福井工事事務所に勤務していて、福井バイパスの建設を推進していたのだが、実のところ、進捗《しんちょく》具合はあまり芳《かんば》しくなかった。地元住民からの猛烈な抵抗があり、建設が滞っていたのである。

その煩《わずら》わしさから一時的に逃れた高野は、何の予備知識もなく、他の職員１００人ほどとともに小平で宮脇昭の講義を聴く。テーマは「ふるさとの木によるふるさとの森づくり」――。話が始まると高野はすぐに宮脇が吐き出す言葉の力に引き込まれていった。土木一筋で来た高野は、熱気ほとばしる宮脇の講義内容に終始新鮮な驚きを感じていた。高野にとっては運命的な出会いといってよかった。

宮脇は、講義の最後をこう結んでいた。

「みなさん、いつでも飛んでいくので、何か必要があれば、遠慮なく電話してください」

翌81年4月1日、高野は建設省奈良国道工事事務所での勤務を命じられ、転出する。工務課長という立場で橿原《かしはら》バイパス建設推進を命じられたのである。そこは、福井バイパスに負けず劣らず厄介な場所だった。というのも、建設計画が持ち上がり、いくつかの地区では着工されていたにもかかわらず、近鉄駅付近の工事だけが実に10年間にわたってストップしていたのである。橿原バイパス反対期成同盟が結成され、地元の住民たちは徹底した反対運動を展開していた。そこで交わされていた議論の中心は、交通量と騒音の問題だった。一日の交通量はどれぐらいになり、騒音は何フォンになるのか、防音壁を設置した場合、何フォン下がるのか、といった議論が繰り返され、膠着《こうちゃく》状態が続いていたのである。

計画されていたのは4車線と両側に側道がある道路で、道路と側道の間には、それぞれ3・75メートルの植栽帯が作れるようになっていた。

高野は、連綿と続いてきた反対運動のまっただ中にぽつんと投げ込まれたように感じていた。

住民たちに赴任の挨拶をするにあたって、これまでの交通量と騒音の話を繰り返しても仕方ないだろう、と高野は思っていた。そこで高野が思いついたのが研修時に聴き感激した宮脇の話だった。高野は、宮脇方式を橿原バイパスに取り入れられないだろうか、と真剣に考え始める。3・75メートルの植栽帯に宮脇方式による森をつくり、騒音と排気ガスを吸収しようと思い立ったのだ。

こうして高野は尾林と同様、組織の中の変わり者となる。本物の緑を、と決意するのだ。

着任挨拶の2日前、高野は、工事事務所の所長に宮脇方式を提案することの了解をとりつける。同時に、宮脇にも連絡をし、協力を懇請する。宮脇が建設大学校で言った「いつでも遠慮なく電話してください」に応えた形だった。

高野と助手は、すぐに横浜国大へと向かった。ビデオカメラとビデオデッキも購入した。いまのビデオカメラと違い、テレビクルーが現場取材で使うような大きなものだ。横浜国大の校門付近には、宮脇方式によってつくられた森があり、そこを宮脇の門下生である藤原一繪に案内してもらいながら、豊かに繁る森の木々と宮脇方式を解説する藤原の言葉をビデオに収めた。説明する藤原には高野の追いつめられた真剣さが手にとるようにわかった。高野は、本田技研の狭山工場でも同様に順調に森が育っていることを知り、翌日にはそれも収める。しかし、いずれもビデオテープを編集している時間はなかった。次の日の夜には、自治会の集会場で反対同盟の人々への説明会が控えていたからだ。

高野は、テレビとビデオデッキを小型トラックに乗せ、会場に向かった。プレハブづくりの小さな会場には30人ほどの人々が集まってきた。

高野は簡単な新任挨拶に続き、こう言った。

「実は、私もまだ、この撮ってきたビデオを見ていない。昨日、一昨日と撮ってきたばかりだから。編集もしていません。とにかく、一度見てからお話をしましょう」

会場からは、「だまされねえぞ！」「ごまかす気か！」といったヤジが飛んだ。

しかし、いざ、ビデオが始まると、誰もが黙って見入る。カメラがぶらぶらと地面を映したり、雑談が入っていたりと、本当に編集なしのリアリティがそこにはあって、誰もがそこには嘘が入り込む余地はないと感じ始めているかのようだった。

ビデオが終わって質疑応答に移る。住民たちからは、騒音の話も交通量の話ももはやほとんど出ない。出るのは、森の話だけだった。「幅3・75メートルで森と言えるのか」「女性が引き込まれたら責任とれるのか」といった声が住民たちから上がった。

とりあえず、この日は、道路の緩衝材《かんしょうざい》として森がある、という認識を植えつけたにとどまった。しかし、それだけでも大きな進展だった。何といっても、10年間膠着していた問題なのだ。風穴があいたのは間違いなかった。

高野と反対同盟の間では、こののち、しばらく森をめぐっての議論が交わされることになる。そして、結局、実物を見てもらうしかないだろう、という結論に達する。

高野は、和歌山の多奈川第2発電所に反対同盟の人々をマイクロバスで連れて行くことにする。関西電力の発電所は、宮脇方式でつくられた森に囲まれていた。はじめのうち、反対同盟の人々は、メジャーで森の幅を測っていた。しかし、最後には、それもしなくなる。というのも、宮脇方式の森は、混植密植で植えてあるため、下草から低木、中木、高木と森の密度が濃く、幅が何メートルであろうと、横から見ると「深い森」にしか見えないことが現場でわかったからである。

人々の反対の声は、こうして徐々に森の中へと吸収されていった。しかし、抵抗勢力は、高野の身内にもいた。土木現場の監督官もまた、宮脇方式には疑問を感じていたのである。「聞いたことのない手法だし、うまくいくのか。わしゃ好かん」と宮脇方式の導入には否定的だったのである。しかし、その反対理由はいまひとつはっきりしなかった。10年間滞っていた計画が森ひとつで一気に進み始めたことで、戸惑っていたのかもしれない。高野は、宮脇から「進まなかったら、ダメだったら電話をよこせ、俺が説明する」と言われていた。もはや限界と感じた高野は、宮脇に電話を入れ、傍らの監督官にすぐに受話器を渡す。監督官は、30分から40分にわたって宮脇に技術的なことを中心に途切れなく強い調子で尋ね続けた。おそらく、宮脇はそのひとつひとつに科学的な論拠をもって答えていたのだろう。この電話のあと、監督官の抵抗は一切なくなる。

そしてついに、1982年6月、確認書に調印が行われ、最後まで残っていたこの地区のバイパス建設がスタートする。宮脇方式の勝利と言ってもよかった。

橿原市の潜在自然植生の調査地となったのは、春日大社の境内やその東に広がる原生林、田原本町の鏡作り神社などである。実際に植えられたのは、高木ではシラカシ70パーセント、アラカシ10パーセント、以下ツクバネガシ、コジイなど。これに中木のネズミモチ、ウバメガシ、低木のヒラドツツジなどが混植された。植え方は、植栽帯の中央部分に高木、縁の近くに中低木というやり方である。つまり、外縁部の中低木は林縁部のマント群落、ソデ群落に相当する。これにより高木の保護と車道の見通しが確保できるはずだった。

もっとも、高野は、これで安心、とも思っていなかった。というのも、たしかに、横浜国大や本田技研狭山工場、関電多奈川発電所で宮脇方式は成功していたが、幅わずか3・75メートルの道路で成功するという保証はどこにもなかった。また、宮脇の指示で、植栽帯に1・5メートルの盛り土を行ったのだが、それがもし道路に流れ出て、クルマがスリップ事故を起こしたら、といった懸念も消えなかった。しかしこれらは、取り越し苦労だったということがほどなくわかる。

宮脇自身は、バイパス建設に対して、必ずしも積極的な支持をしていたわけではなかった。ただ、ダムにしても道路にしても河川改修にしても、ある程度の利便性を人々が希求するのはやむをえないという考え方だった。ドイツでもオランダでもスイスでも道路建設は行われているわけだし、どうせつくるのであれば、緑に囲まれたものを、というのが宮脇の思いだった。反対運動が起きるのは、そこに命ある生き物がいないことによるのではないか。そこに死んだ材料だけしかないことに対して、市民は本能的に抵抗感を持つのではないか。ならば、生きた、本物の命のあるものをつくればいい、というのが宮脇の論理だった。

高野は、橿原バイパス建設のあとも各地を転々と回ることになるのだが、橿原バイパスで宮脇方式という「武器」を手に入れてからというもの、これを各地で活用し始める。八王子を通る圏央道のときもまた、宮脇方式を用いた。高野自身、結果的に自然を破壊することになる圏央道の建設に対しては内心忸怩《じくじ》たる思いもあったが、業務命令である以上致し方なかった。ならば、できるだけ自然と調和した道路をつくるしかないのではないか、そう自身に言い聞かせていた。高野は、道路の周辺に宮脇方式による森をいくつとなくつくった。いずれそれは、かつてそこにあった自然を上回るぐらいのものになるはずだという信念だった。

その後、高野は、大規模宅地開発を行う地域公団へと移る。高野が関わったのは、いわきニュータウンと鳥取新都市だ。ここでも、高野の胸を痛めたのは、丘陵地帯をならして宅地をつくらなければならないことだった。高野は、上司にかけあい、宮脇方式を取り入れることを提案する。宅地にできる斜面（法面）では、やはり、土砂崩れを防ぐため、モルタルを吹きつけるか、土と水にウィーピング・ラブ・グラスの種を混ぜたものを塗るかしていた。しかし、これは長く続かず崩れやすい。逆に、宮脇方式の森は、斜面でも強く、土砂崩れを起こしにくくする。災害に強いのだ。斜面は宮脇方式の森で覆われた。

長野県の地附山《ぢづき》の例でも、高野は宮脇方式がいかに優れているかを実感している。92年、高野は冬季オリンピックの開催を前に長野市に出向する。会場のひとつに地附山があった。ここではかつて悲惨な事故が起きていた。80年、山の斜面が地滑りを起こし、下にあった老人ホームを押しつぶし、26人の人々が命を落としたのだ。その後すぐに、土木的なアンカーの打ち込み、水を吸収するための井戸が掘られた。そして、外国産の種の吹きつけも行われた。しかし、5月から8月の間は草が茂るものの、9月の声を聞くとまた赤茶けた地面が顔を見せるようになる。定着しないのだ。市民からは、「こんなことでオリンピックができるのか」「マツを植えればいいじゃないか」といった声が出始める。高野もまた、「自然との調和」という長野オリンピックのテーマは、お題目にすぎないと感じていた。長野県はハギやマツを植えたりするのだが、結局うまくいかない。高野が出向してきたのは、ちょうどそんなときだった。高野は、すぐにチュクセンの最後の弟子だった信州大学の和田清教授とともに、宮脇方式を推し進めることにする。25ヘクタールという広大な斜面に、少しずつ、ミズナラやコナラやケヤキの苗木を植えていった。現在もなお植えきっていない状態だが、少なくとも赤土がむき出しの状態はかなり改善されることとなった。

宮脇と80年に出会って以来、高野はこの植物学者のすごさを日々強く感じるようになっている。単なる学者ではなく、自分で率先して人々を動かし、また自ら先頭に立って直接自分で木を植える。しかも、宮脇が発する言葉には哲学があった。たとえば、「植物はベストコンディションではなく、少し我慢した状態がいい」といった言葉はいつも高野が自身に言い聞かせていることのひとつだ。だから、時間が許す限り宮脇の呼び掛ける植林活動には参加する。必ず人生の指針となる何らかのヒントを得られるような気がするからだ。

高野義武にとって、宮脇昭は、単なる植物学者ではなく、森を歩く哲学者のように思えた。

日本国内に限らず、海外での森づくりも次第に増えていった。

たとえば、中国での森づくりがそれである。

中国ではここ50年、森林の減少と砂漠化が止まらない。中国全土を約28パーセントの砂漠が覆い、逆に森林率はわずか17パーセントと深刻である。日本の森林率が67パーセントであることを考えれば、いかに低い数値であるかがわかる。

北京市に招かれた宮脇は、北京市長に言った。

「中国に森をつくらなければ、日本が黄砂《こうさ》で覆われてしまいます」

北京市長が応じた。

「いや、宮脇先生、黄砂で困るのは北京です。このままいけば40年で都を移さなければなりません。是非ご協力いただきたい」

実際、砂漠は、北京からわずか70キロ北西にまで迫ってきている。中国の砂漠化問題は切迫していた。

地球上の砂漠、半砂漠のうち3分の2は人間によってつくられたもの、というのが宮脇の推測である。宮脇は人間の活動によって生まれたこの部分の回復は科学的に可能だと考えている。残りの3分の1は極端に降雨量の少ない、いわば自然の砂漠である。ここにはそのままでは木は育たないというのが宮脇の出した結論だった。

万里の長城沿いに森をつくるという壮大な計画を宮脇は実行に移し始める。イオングループ環境財団の岡田卓也理事長と北京人民政府との間で3年間に39万本植樹をすることが決まり、そのプロジェクトのリーダーとして、当時アジアで初めて国際生態学会会長になった宮脇昭が推挙されたのだ。

まずは土地本来の木が何であるかをつかむことから入る。しかし、万里の長城付近には、樹木そのものがほとんど残っていなかった。宮脇は、潜在自然植生のヒントを万里の長城のレンガ塀に探す。石油も石炭もなかった時代、レンガを焼くときにモウコナラを使ったのではないか、と当たりをつけたのである。北京周辺でも、古い寺や山間《やまあい》にはモウコナラの老木が残っていた。主役はモウコナラ、宮脇はそう推定した。

宮脇は「モウコナラが主役ではないか」と北京人民政府の農林部長や緑化部長に投げかけた。が、中国側の役人たちは「モウコナラなんてとっくの昔に消えてなくなっている。ヤナギとハンノキとニセアカシアとポプラしかない」と口をそろえた。ただ、延慶県の林業試験場の古老だけが「そう言われれば、松山というマツが多い花崗岩の露出した自然保護地区の谷にモウコナラ林があった」と言い出す。すぐに調査に行くと、事実、そこには見事なモウコナラ林が残っていたのである。

宮脇は、モウコナラのドングリを100万個拾ってほしい、と中国側に依頼した。中国側は、「とてもじゃないけれど、1万個すら拾えない」と最初は尻込みをした。しかし、実際にやり始めると、中国人たちは実に80万個のモウコナラのドングリを拾い集めてきた。そのドングリをもとにビニールハウス内で気温調整をしながらポット苗をつくった。発芽率は実に90パーセントだった。

1回目の植樹は、1998年7月4日に行われた。このとき、宮脇は驚くべき現象を目の当たりにする。日本で植林ツアーとして1000人のボランティアを募ったのだが、なんとそこに1400人もの人々が応募してきたのである。ツアー料金12万5000円が自腹であることを考えるとこれは驚異だった。この日本人ボランティアたちに中国側の1200人が加わり、2600人が一斉に万里の長城の周りで植樹した。その数、実に4万5000本。わずか1時間でこれだけの苗木が植えられた。そして、そののちも植樹は続けられ、硬い岩盤がむき出すようなところに実に40万本近い幼木が植えられていった。

中国側は当初、宮脇方式による植樹がうまくいくかどうか疑心暗鬼で見ていた。しかし、ほとんどすべてのポット苗は活着する。その成果を見た中国の役人は真顔でこう宮脇に言ったという。

「100パーセント活着している。不思議だ。しかし、100パーセントと言えば、北京市人民政府の局長や部長が信用しないから、活着率98パーセントと報告したいが許してくれるか」

こののち、同様に都市化が著しい上海市でも宮脇方式によるエコロジー緑化が進められる。

宮脇のやり方を上海で引き継いだのは、華東師範大学副教授の達良俊だった。達の専門は植物生態学である。

達は以前から宮脇の業績について知悉《ちしつ》していた。初来日した82年にはすでに3冊の『日本植生誌』が刊行されていて、それを手にしていたからだ。

達は97年に初めて宮脇と直接言葉を交わしている。宮脇に植生の回復などに関して質問した。宮脇は想像していたより怖い人ではなかったが、それでもひどく緊張した。

日本語に堪能な達は、その後、宮脇が中国を訪れ植樹と講演をする際に通訳をかねて同行するようになる。と同時に、都市砂漠化が進む上海で宮脇方式による森づくりが具体化していったのだ。達は宮脇の潜在自然植生の考え方、ふるさとの木によるふるさとの森づくりの技術とノウハウを吸収した。そして、2000年、上海で達らが中心となった宮脇方式による植林が始まるのである。

達は、宮脇と寝食をともにしながら、さまざまなことを学んでいった。いったん講演に入ると、200枚から300枚ものスライドを自ら映写機にセットし、あとはもう無我夢中で話をし、聴衆を引き込んでいく姿。中国とか日本といった狭い範囲ではなく、世界の環境のために全身全霊を打ち込んでいく姿勢。ポット苗の植え方を説明するときのひた向きさ。その熱心さには本当に頭が下がった。偉い先生は言いっぱなしなことが多いけれど、宮脇先生は聴衆に自分の思いを何とか伝えようとしている、達はそう感じていた。ただ、ときに、熱心なあまり同じことを繰り返し言う癖が宮脇にはあった。たとえば、ポット苗の持ち方、植え方などである。達がそれはさっき言いましたよ、という顔をすると、宮脇はいいから言えとまた同じことを訳させた。それは宮脇が強調したいポイントなんだろうと思うと同時に、宮脇は聴衆の顔を見て、彼らが理解しているかいないかを判断しているのだろうとも達は思った。宮脇にはそういう鋭さがあった。

一度言っただけではすべての作業ができるはずのないことを何百回という植樹によって宮脇は体験していた。たとえば口をすっぱくして「赤ちゃんに触れるように」と言っていても、根元からではなく、幹の上部を強く引っ張り上げる人は少なからずいるのである。繰り返し言うしかなかった。

80年代から宮脇と付き合いのあるドイツ・ハノーファー大学のリチャード・ポット教授は、来日時には必ず宮脇とともに植樹の旅に出る。ポットが驚かされるのは、宮脇の、単なる木を植える科学的ノウハウだけではなかった。小学生から政治家までを動かし、彼らに木を植えたいと思わせるその力が圧巻なのである。政治家、役人、企業家、教育者といったキーパーソンを説き伏せ、さらに多くの人々を集めようとする努力。何千人という参加者が汗を流し、嬉々として植えるその光景は、決してドイツでは見られないものだけに、ポットにはそれがとても新鮮に見えた。しかも、それを日本国内だけでなく、アマゾン、ボルネオ、南アメリカ、中国と全世界で繰り広げ、成功させていることが驚異だった。科学的な知見を環境保全再生に具体的に応用し、実践したというのは、世界中の誰もやったことのない偉業だろう、とポットは思う。それは、「10巻の分厚い本（『日本植生誌』）を出そうとしている日本の学者」と最初に人づてに聞いたときにポットが思い浮かべた、機械のように机に向かって働く学者という人物像とはかけ離れたものだった。

1994年から国際植生学会の会長を務めているジョージア大学のエルジン・ボックス教授は、83年に開かれたアルゼンチンの国際植生学会で初めて宮脇と会った。ボックスにとって宮脇の唱える「環境保全のための森づくり」という考え方は、とても目新しいものとして映った。というのも、森をつくっていく過程は人工的だが、結果としてできあがったものは自然な森であるわけで、その考えがすごく新鮮で興味深かったのだ。都市がつくられる前にもともとあった森を再び都市の中に組み込めるということをボックスは初めて知った。

その後、ボックスは幾度となく来日し、東京大学生産技術研究所でも教えるようになるのだが、日本に来て3回目か4回目の頃、宮脇との間でちょっとした論争が持ち上がったことがあった。「そもそも森の定義とは何か」という議論になったのである。ボックスの考える森とは、「中に入ったときに人間が本当に自分は深い森の中にいるんだ、森のフレッシュな空気を吸っているんだと実感できるもの」だった。木々の繁る静かな森閑《しんかん》とした森、それがボックスの定義する森だった。けれども、宮脇の主張する森づくりは違った。もちろん、広い土地があれば深々とした森になることはわかっている。けれども、宮脇は、「たとえ幅5メートルであっても、混植密植して植えれば森である」と言う。ボックスはそれに対して、「外のものが簡単に入ってくるようなものは森とは呼べない」と主張した。森と森でない部分の境界にあるエッジイフェクトつまり林縁部の植物は、森の中に入っていけばいくほどなくなっていく。なぜなら林縁植物には光が必要で、森の深い部分に光は差し込まず、育つことができないからである。それが宮脇の主張する「5メートルの森」だと森の反対側までその林縁部が突き抜けてしまう可能性があった。ボックスが主張すると、宮脇はそれ以上反論はしてこなかった。

ボックスは、「5メートル幅の植栽」を否定しているわけではもちろんない。ただ、ボックスの基本にあるのは、日本の23倍もある広大なアメリカ大陸の森のイメージで、日本の都市部の森をも思い描く宮脇のそれとはどうしてもズレが生じるのである。言うまでもなく、宮脇の環境保全林を腐《くさ》すものでもなく、ボックスはむしろ森づくりを推し進める宮脇のエネルギーに敬意を表している。なんて強い意志と実行力を持った男なのだ、と。

教え子のひとり、鈴木邦雄は、宮脇の環境保全林の植樹をこう分析している。

宮脇の強さは、植物社会学的な知見をベースにノウハウを生み出していることだ。だから、いつでも立ち戻るベースがある。状況に応じて細かく修正はしているが、圧倒的な学問的自信に支えられながら環境保全林づくりを進めていることは間違いない。ドイツで完成した揺るぎない学問、つまり植物社会学が宮脇方式を裏打ちしている——。

宮脇は単なる理屈ではなく、形あるものに結びつけることを常に意識している学者である。そして、自分の発言には、絶対に責任を持とうともした。

1995年1月17日、宮脇は、自分の発言の真価を問われる場面を迎える。

もし、自分の言ったことが嘘だとなったら、腹を切らなければならない。宮脇昭はそれぐらいの覚悟を決めていた。

7章 阪神・淡路大震災と「鎮守の森」

都市の周りの森林を破壊したとき、その文明は破滅させられ、その周りは砂漠化していく

１９９５年1月17日、その日、宮脇昭は、ボルネオのサラワク州ビンツルの奥地で、熱帯雨林再生のための現地調査をしていた。１９９０年に熱帯雨林再生プロジェクトをスタートさせた宮脇は、以来毎年最低1回は現地を訪れ、調査と植樹を行っていた。

奥地からホテルに戻ってくると、プロジェクトのパートナーである三菱商事の社員が宮脇をつかまえて言った。

「先生、大変だ、神戸で大きな地震があったらしい」

宮脇はすぐにテレビをつけ、ＣＮＮにチャンネルを合わせた。画面にはかつて見たこともないような凄惨《せいさん》な光景が映し出されていた。宮脇にはこれほど大きな地震の記憶がなかった。尋常でない被害の広がりを感じると同時に、「本物の森は、土地本来の木は、

火事にも地震にも台風にもびくともしない」と公言してきた自分の主張が厳しく問われる場面を迎えたな、と思っていた。そして、もし、自分の主張が間違っていたなら、科学者、研究者としてそれなりの落とし前をつけなければなるまい、と覚悟した。日本に戻る飛行機の中でも、宮脇は、ただひたすら被害の実態を懸念し続けた。

ちょうどその頃、藤原一繪が独自に神戸入りを画策していた。藤原もまた宮脇と同じ気持ちだった。植物生態学者として現場を調査しておかなければと動き、ヘリコプターをチャーターして神戸に入る準備をしていたのだ。宮脇はこれに相乗りする。

神戸上空に入り町を眺めてみると、高速道路はひしゃげ、建物は倒壊しているのに、町中に点在する小さな公園には木が残っていて、そこには人が集まりクルマが止まっていたりした。鎮守の森も残っていた。

埋め立て地のヘリポートは、液化現象で歩くのが困難なほどだった。最新の技術と金をかけた防波堤や埠頭、建物もひどく被害を受けているのが目に飛び込んできた。しかし、埋め立て地内にある公園の自生種であるヤブツバキは、残っていた。

タクシーをチャーターし、神戸市内に入ると、まだそこら中が粉塵に覆われていた。宮脇の目はすぐに真っ赤になる。

小さな公園があるたびに宮脇は、タクシーを降りてつぶさに木の様子を見た。神戸にはもともとアラカシが多い。アラカシ、シイノキ、ヤブツバキ、シロダモ、モチノキなどの木を見てみると、葉は焼けているものの、そこで火は止まっていた。木は生きていた。並木にしても、落葉樹のニセアカシアはダメだったが、常緑樹はクスノキを含めてかなり残っていた。クスは油分を含んでいるため弱いはずだったが、それでも大地に踏んばっていた。元来神戸は木の少ない街なのだが、それでもアラカシの並木のところで火が止まり、アラカシの裏のアパートが小道一本隔てて延焼を免れているというところもあった。明らかにアラカシが火を止めているという光景を見て、宮脇は驚くと同時にほっと胸をなでおろしていた。

続いて宮脇は、鎮守の森の調査に移る。

多くの鎮守の森では、残念ながらコンクリートの鳥居が傾き、建物がぺしゃんこになっていたり、焼失していた。ところが、鎮守の森にあるシイノキ、カシノキ、モチノキ、シロダモの木は一本も倒れていない。焼けていない。葉は焼け落ちていたが、木は死んでいない。回復できる力をちゃんと保っていた。もちろん、有機物である以上常緑樹も長時間火を浴び続ければ、燃える。しかし、たとえば、火事のときには水を噴くとさえいわれるタブは、長い時間火に耐える力を持っている。消防車が来るまで、あるいは人が逃げる時間ぐらいは十分にかせげるのである。

ボルネオで神戸震災の第一報を耳にしたとき、常緑樹のポテンシャルに思いを馳せると同時に、宮脇は、すぐに六甲山のことを思い浮かべた。かつて神戸市の依頼で六甲山から神戸市の植生を調査したことがあったのだ。花崗岩に覆われた腐れ山のような六甲山の急斜面が崩壊してしまったのではないか、と思った。しかし、六甲山では、実は、常緑樹の植樹がかなり行われていて、震源の中心ではなかったことも手伝って崩壊はほとんどなかった。六甲山の斜面の下に連なる高級住宅街も被害は最小だった。その住宅街を調べて見ると、そこには土地本来のアラカシ、ウラジロガシ、シラカシ、コジイ、スダジイ、モチノキなどが繁っていた。火もほとんど入っていなかった。

一日中神戸市内を歩き回った宮脇は、「ふるさとの木によるふるさとの森」すなわち鎮守の森が防災林として、ちゃんと機能していることに安堵していた。ものすごい粉塵で医者も息を呑むぐらいにまぶたが腫《は》れ、ひどい結膜炎にはなったが、腹は切らなくてすんだのである。

鎮守の森の力を宮脇昭は改めて実感していた。

阪神・淡路大震災から2年たった1997年3月、宮脇昭は、ボストンのハーバード大学で開催された「エコロジーと神道」という4日間の国際シンポジウムに招かれる。

いったんは「金がないから」と断ったのだが、交通費と宿泊費はすべて主催者側が負担するからと招待講演を依頼され、宮脇は参加を決める。ヨーロッパ、アメリカ、日本など各国からおよそ120名の学者が顔をそろえた。日本からは学者のみならず、神社の宮司など宗教関係者も参加していた。

宮脇は、このシンポジウムで、アメリカの凄さと怖さを改めて感じていた。本来は日本でやるべき「エコロジーと神道」というテーマをやってのけてしまう懐《ふところ》の深さ、言い換えれば空恐ろしいとも言える包容力を感じたのである。

宮脇自身は「鎮守の森を世界へ」というテーマで話したのだが、他分野の学者たちの講演内容は、仏教や神道の重要性に改めて気づかせるもので宮脇をいたく刺激した。

壇上に上がった宮脇は、次のような導入でスピーチを始めた。

「森はかつて厄介者で、ときには敵でさえあった。人は文明の発展という名のもとに森と戦った。木々を切り倒し、森を燃やして、農場を、居留地を、村を、町を、都市をつくった。

世界文明の歴史を振り返れば、見境なく木を切り、都市の周りの森林を破壊したとき、その文明は破滅させられ、その周りは砂漠化していくということを私たちは知っている。地中海文明にそのいくつかの例を見ることができる。

日本でもまた、木を切り、森を破壊してきた。とりわけ、稲作が入ってきて、水田を作り始めたときからは顕著になった。しかし、私たち日本人は決してすべてを殺しはしなかった。私たちはたしかに、一方で生活の基を築くために森を破壊したが、その一方では、ふるさとの木によるふるさとの自然の森を再生し、保護してきた。これは日本古来の宗教である神道と、のちに日本に入ってきた仏教のもたらしたものである。

神道において我々が無数の神を持っているのに対し、一神教においては、像もしくは教会だけが信心の神聖な対象となっている。私たちの祖先は、自然に対して畏敬の念を持っていた。特に、古くて大きな木や深く繁った森に対しては。彼らは海沿いの高いところや川の源流の近くに神社を作り、自然の森を保護し、保存した。それらの森は、鎮守の森と呼ばれた。神道は、科学的に日本の自然の森を再生し、守る哲学的な拠り所である」

こう述べたあと、宮脇は、さらに、神道と鎮守の森の歴史や意義について論を深め、鎮守の森こそ21世紀の世界を救う足がかりとなると訴えた。時間にしておよそ40分、宮脇は、決して流暢《りゅうちょう》とは言えない英語だったが、いつにもまして人に伝えようとする意志のこもった言葉で熱く語った。

シンポジウムではナポリ大学の教授がこんな発言をした。

「4000年の歴史を持つ自然と共生した日本の自然宗教が、ごく最近、100年足らずの間に、一部の人によって間違って利用されたために、いま、多くの日本人が宗教に無関心である。鳥居とか、神社とか、鎮守の森と言っただけで拒否反応を起こす。これはきわめて不幸なことである。我々は4000年続いてきた神仏混交の宗教をもう一度見直すべきではないか」

宮脇の思いも一緒だった。

一神教がたった2000年で地球をダメにしてしまったという思いを宮脇は強く持っている。唯一神や人間中心の教義や思想であったため、他の生き物や自然環境を征服し、利用するものとなった。日本の仏教や神道には自然との共存思想があった、と思うのだ。そして、鎮守の森は、その象徴だったのではないか、と。

すべての講演が終了し、打ち上げパーティが開かれ、宮脇もこれに参加した。ほどなく、会場にいたひとりの西洋人が宮脇に英語で話しかけてきた。

「私の予想したとおり、日本は発展を遂げたけれど、いまはダメになっている。日本論を書いた当時、私のことをアメリカ人が『お前ちょっとおかしいんじゃないか』と揶揄《やゆ》した。実のところ、最近の日本を見ていてやはり私は間違っていたのかな、と少し憂鬱になっていたけれど、宮脇先生の話を聞いて、また希望を持った。日本の伝統的な鎮守の森をモデルにし、エコロジーと総合した新しい鎮守の森づくりを科学的な脚本にしたがってやろうとしている。これは素晴らしいことです。しかも、国内だけでなく、アマゾンやボルネオでもやろうとしている。このノウハウを日本から世界に発信していけば、再び私は日本がナンバーワンになると信じています」

ほかならぬ『ジャパン・アズ・ナンバー1』の著者であり、当地ハーバード大学教授のエズラ・ボーゲルだった。

そのシンポジウムの2年後の99年2月、曹洞宗《そうとうしゅう》大本山總持寺《そうじじ》の貫首・板橋興宗と宮脇昭は、「鎮守の森」づくりに着手する。

板橋興宗が宮脇昭を知ったのは、その数年前のことだった。ある朝、金沢の大乗寺でいつものように朝4時に起き、身支度を整えながらNHKの「ラジオ深夜便」を聞いていると、「鎮守の森」について熱く語る宮脇の話が流れてきて、引き込まれたのだ。「ラジオ深夜便」での宮脇の話は好評で、実は、もう何回も再放送されているものだった。板橋が耳にしたのもおそらく再放送だった。板橋は、いい話が始まったときにはいつもそうしてきたように、宮脇の講話をカセットテープに録音した。放送途中で座禅堂に行かなければならないからだ。

「日本中から鎮守の森がなくなっている。神奈川県下でも２８５０あった森が１９７０年の調査では40になっていた」

ラジオでは衝撃的とも言える内容が語られていた。

それからしばらくして、板橋は、横浜の大本山總持寺の貫首となる。しかし、金沢から横浜に移り、実際に總持寺でお勤めを始めると、その寺を包む全体の空間が空虚なものに思えてきた。何が足りないのか確かめるため、板橋は明治神宮にひとり足を運んだ。神域に入ったとたんに訪れる静寂、玉砂利の上をザクザクと歩く音、そして深い森。ゆっくりと森林の吐き出すオゾンを吸いながら歩く板橋は、寺を包み込むような緑が圧倒的に不足していたことに思い至る。板橋は、どう森をつくればいいのかと思案にくれる。そのとき思い出したのが、ラジオで熱く語っていた宮脇の「鎮守の森」の話だったのである。

しかし、録音したカセットテープは紛失してしまい、かろうじて覚えていることで手掛かりとなりそうなのは「宮脇」という名前だけだった。板橋は、ＮＨＫに手紙を出し、「鎮守の森」について話した宮脇さんがどういう人でどこにいるのかを尋ねた。ＮＨＫはすぐに該当の人物として宮脇昭の連絡先を知らせてきた。

板橋から会談を懇請された宮脇は、總持寺を訪ねる。

いくつもの廊下を通り、若い禅僧の案内で奥の荘厳な部屋に通される。ほどなく、法衣を纏《まと》った板橋が現れ、ふたりは初めて顔を合わせた。板橋は見るからに人物という風情だった。実は、宮脇は、このときまで、板橋が貫首という最高位の立場の僧だということを知らなかった。

板橋はこんなふうに切り出した。

「実はNHKのラジオで鎮守の森のお話を聞き、是非一度あなたにお会いして教えていただきたかったので。聞けば同じ横浜市内だというので、ご足労いただきました。宗教は単に念仏を唱えるだけでなく、やはり社会のために何かしなければいけない。いま、私たちは1000年の森づくりを計画し、進めているが、どのような森をつくっていいかわからない。是非、宮脇さんの鎮守の森の話をもう一度聞かせていただき、できればご指導していただきたいのです」

板橋の言葉を受けた宮脇は、一気に語り始める。

「ドイツで習った私の恩師のチュクセン教授の言葉を引用すれば、残念ながら、いま緑の世界でも、偽物があまりにも多い。我々の祖先は、かつて邪魔であり、ときには敵の立場にあった森を長い時間かけて何とか抑え、そこで生活の場を作ろうとしてきた。人類が火を使うようになって急速に森が破壊され、あるいは2000年前に米のなる草である稲が朝鮮半島を通して入ってきてから、人間が刃物や機械を持つようになってから、かつて敵であった森は、むしろ失われている。ただ、我々日本人の祖先は、自然を開発するに際して、集落も町も橋も道も作ったりしたけれども、いわゆる皆殺しをしなかった。一方においては、自然と対決し、邪魔者を排除してきたが、必ずふるさとの木によるふるさとの森をつくってきた。それが国際植生学会などでは公用語にもなっているChinju-no-moriに象徴される、土地本来のふるさとの木によるふるさとの森であります。もし板橋貫首様が1000年続く森をつくろうと考えていらっしゃるのなら、偽物はよしていただきたい。土地本来の本物の森をつくっていただきたい」

宮脇はさらに潜在自然植生の話をし、鎮守の森を語り続ける。

「生物社会では、さまざまな人間の影響によって、厚化粧させられているが、もし人間活動のすべての影響を停止したとしたら、そこの自然環境の総和がどのような緑になるのか。その潜在自然植生に即して森づくりをやらなければいけません。幸いなことに日本人は、そのふるさとの木によるふるさとの森を残し、つくり、守って現代に至っています。当然、時代の要請により、あるいは将来利用しようとして、いろんな木も植えたかもしれませんが、長い時間の流れの間に、土地に合わない偽物は必ず自然の揺り戻し、台風やひでりや大雨、地震などで消えて、現代では多くの土地本来の森の主役の木が残されている。また、鎮守の森は、一神教の世界のように教会の中や偶像土器が尊敬されるのではなしに、むしろ、神社がなくても鳥居がなくても、土地本来の森そのものがいわば畏敬の対象になっていた。それが世界に誇る日本のＣｈｉｎｊｕｎｏ-ｍｏｒｉの姿です。その森をつくれば１０００年は必ず生き延びて、私たち生物の一員としての人間の持続的な命や、人間しか持っていない文化を創造する心も含めた感性、そして何よりも生まれてくる大事な子どもたちの遺伝子を守る森ができる。是非この鎮守の森づくり、森を科学的なシナリオによってつくっていただきたい。本物を見つめ、それを使い切る実行力と先見性と持続力を持った貫首様や僧侶のみなさん、そして市民のみなさんとともにつくっていただけるのであれば、きっと１０００年の森ができるでしょう」

宮脇は、一気に話した。話を聞き終わった板橋貫首は、膝を叩いて言った。

「わかりました。是非、宮脇先生の指導によってやりましょう」

途中、若い僧侶が茶菓《さか》を持ってきたが、あとは差し向かいだった。

宮脇は畳みかけた。

「もしおやりになるならすぐにやっていただきたい。話をお聞きになるだけなら、失礼ではございますけど、もうそろそろおいとまします」

板橋貫首は、せかす宮脇ににっこりと微笑み、

「いや、宮脇先生、私は誰が反対してもやりきる決心です。是非お願いします」

と返した。

宮脇はさらに念を押す。

「他は知りませんけれど、植物の社会ではトップが本物なら子分も本物。トップとそれを支える三役五役が本物でなければ子分も偽物です。ニセアカシアみたいな偽物を植えれば、どんなにかっこうよく大きく見えても、長持ちしないし、子分もセイタカアワダチソウかブタクサでしかない。板橋貫首様は本物でしょう。けれども、それを支える三役五役もやっぱり本物でなければなりません。板橋貫首様がやりきるご決意を持っていただければ、たぶんみなさんも協力してくれるでしょう。是非やりましょう」

宮脇は重ねて一押しする。

「植樹祭の日にちもいま決めていただきたい」

初顔合わせの日にここまで決めさせようとするところが宮脇の押しの強さだった。相手がどんな地位にあろうと、即決を迫るようなところがあるのだ。

生物はどこの集団でも元来保守的なもので、新しいことに踏み出そうという場合には抵抗がつきもの、というのが宮脇の考えだった。進歩、進歩と言いながら、結局は釈迦の手の上で走る孫悟空のようなところが生物社会にはある、というのが宮脇の実感なのだ。だから即決を迫る。

とりわけ人間社会においては、集団が巨大化すると、何か新しいことをやろうというとき、3割の人が積極的に改革しようとし、3割の人がいまのままで不自由はないんじゃないかとネガティヴに静観する。残り4割は中立である。ところが、これが議論している間にだんだん「やらんでもいいだろう」となり、結局7対3でやらないことになる。正しいことであれば、トップダウンで一気にやらなければなかなか物事は進まない——。それが植物の社会から学んだ宮脇の教訓だった。

宮脇は板橋貫首に最後にこうぶつけた。

「人間は、ターミナルを決めれば必ずやりきりますから」

板橋貫首は宮脇の実行力と学問的裏づけをともなった説得力、そして強い個性に魅力を感じ、森づくりを決断していた。

横浜市鶴見の總持寺は、およそ90年の歴史があり、その広大な敷地には、すでに多くの木が植えられ、育っていた。ただし、それは森と呼べる代物ではなく、造園植木の類《たぐい》だった。あるいは總持寺が明治時代に能登から横浜に移ってきたとき持ってきた能登でアテと呼ばれている木（ヒバ）だった。寺の木々は、少なくとも、土地本来の木が育ち、高木、亜高木、低木、下草がセットとなっている、たとえ面積は狭くとも生態系が維持されているような森ではなかった。

ただし、森をつくるにあたって、宮脇は、すべてを新しく植え直すつもりもなかった。「いまあるものはある程度は残す」というのが近年の宮脇のやり方なのだ。そのいまある木々の間に土地本来の木を植えていき、競争、共存、我慢を促す。そうすれば、いずれ主役となる木――鶴見であればシラカシ、アラカシ、スダジイ、タブノキ――が頭角を現す。多少時間はかかるが、その方が生態学的には自然だと宮脇は考えているのである。

99年2月、「1000年の森」づくりは着手される。100人近い僧侶たちが一斉に5000本のタブノキ、シイ、カシ類のポット苗を参道に植樹する光景は壮観だった。

結局、總持寺では、都合3回の植樹が行われた。しかし、2002年、森づくりは頓《とん》挫《ざ》する。板橋貫首が曹洞宗管長を辞任し、福井の山寺に入ってしまうからである。もともと、「ふるさとの木によるふるさとの森」をつくることに抵抗する人々が寺にいなかったわけではない。たとえば、それまで出入りしていた植木職人がそうだった。なかなか活着しないうえに管理費が膨大にかかる木を植え続けてきた植木職人を説得し、理解させるのには手間を要した。それでようやく鎮守の森づくりにこぎつけたのだ。それを推進するトップがいなくなれば、森づくりも失速する。また、誰もがすぐに結果を見たがった。5年後には森になると言っても、ひょろひょろの苗を植えている人の中には、信じない人も少なからずいた。それはもちろん板橋にもわからないではなかった。

しかし、現場で指揮をする前田文和は苛立《いらだ》ちを抑えきれなかった。植木職人は、「はいはい、先生のおっしゃることは十分に理解しました」と言いながら、宮脇のやり方とはまるで違う植え方をするのだ。タブノキを植えてはいるのだが、混植密植という指示は守られていなかった。そこには、いままでやってきたんだから、そのやり方でいいじゃないか、といった保守的な匂いが強く漂っていた。腰が引け、魂が入っていない感じが前田にはした。

しかし、それでも3年間で植えた木々は、「生物社会の掟《おきて》」によって、境内で着実に生長を続けている。

8章 神宮の森を歩く

過去も夢、未来も夢、いまこの瞬間生きていることだけは事実

冬のある休日、宮脇と待ち合わせて、東京の明治神宮へ行く。待ち合わせ場所は、原宿駅と明治神宮の間にある橋の上だ。橋の上は雑多な人々でごった返している。フリルのついた白黒の衣装に濃いアイシャドーで目の周りを縁取りした10代の女の子のグループ、オレンジ色のアフロヘアのかつらをかぶり奇声を上げて通行人の足元めがけてスライディングを繰り返している若者、それらを撮っている数人の中年のアマチュアカメラマン。僕の隣では、学生風の端正な雰囲気の韓国人ふたりが珍しげにその光景を見ている。

宮脇が待ち合わせ時間ぴったりに現れる。横浜の国際生態学センターにいるときの白衣でも、植林に行くときの麦わら帽子と長靴という格好でもない。ごく普通のジャケッ

トとズボン姿だ。

「先生とどこか一緒に鎮守の森を歩きたい」とお願いしたところ宮脇が指定してきたのが明治神宮だった。実は明治神宮と聞いて、僕はちょっとがっかりした。というのも、僕の中での鎮守の森のイメージはもっと規模の小さいものだったし、先生ならどこかスペシャルな鎮守の森をご存知では、と期待していたからだ。いずれにしても、鎮守の森の中で鎮守の森について語っていただこうという狙いを持ってお願いしたことだった。

宮脇が明治神宮を選んだのには理由があった。宮脇は、「明治神宮鎮座五十年事業」の一環として神宮林の植生調査を依頼され、1980年に「明治神宮境内総合調査報告書」の中に調査結果を発表していた。明治神宮の木々には精通していたのだ。今日、ここへ来る前に僕はその精緻《せいち》な調査書にざっと目を通してきた。

明治神宮の敷地に一歩足を踏み入れると、橋の上の喧噪はシャットアウトされ、すぐに凛《りん》とした空気に包まれる。人の多い南参道を避け、西参道に入ったせいか、人影はまばらだ。深い緑に囲まれた参道をゆっくり歩きながら、宮脇が語り始める。

「今日は何について話せばいいのでしょう」

「まず、おおざっぱに明治神宮の森がどういう成り立ちでできたかうかがいたいんですが」

幅10メートル足らずの西参道に入る。もちろんクルマは入ってこない。路面にはカラスの白い糞の跡が無数に付着している。

「幸いにもドイツから帰った三好学先生やその他の優秀な科学者が、帝都は必ず煙の都になるから、針葉樹なんかではきっと公害でやられてしまうだろう、だから常磐《ときわ》の森でなきゃいけない、と計画を立ててたんですね。ところが、当時は、日本帝国というのは、朝鮮も樺太も台湾もあったわけでしょ。そういう南北4000キロ近い各地方から献木がありまして、その献木にはもちろん東京の明治神宮に合わない木もあった。そういう長持ちしない木はつっかい棒的に使いまして、ここにあるたとえばシラカシやスダジイやケヤキや土地本来の主役になる木は、小さくてもちゃんと将来大きくなってもいいところに配植していたわけです」

と説明が始まったのだが、宮脇は、すぐに参道の傍《かたわ》らの木に目を奪われ、話を切り、近づいていく。高さ1メートルほどのまだ幼いスダジイだ。

「シイノキにはコジイとスダジイがありますけれど、コジイは関東には分布していないんで、これはスダジイですが、もうこれは深根性直根性で、この高さでもあなたがどんなに力を入れても抜けないぐらい。だから、一度根づいたら台風でも地震でもびくともしない。植物は根が生えてから上が出るわけです。このスダジイは、江戸屋敷を作るときにも周りに植えられ、１１０回あったという江戸の火事にも、関東大震災にも、焼夷弾《しょういだん》の雨にも生き残ったというぐらいの木なんです。ですから、大事なことは、植物の社会でも、あるいは会社でもそうかもしれませんが、トップが本物なら子分も本物、本物とは厳しい環境に耐えて長持ちするものなんですね。条件がいいときには誰がトップでも居眠りしててもうまくいくけれど、条件が悪いときに力が発揮される。それが発揮できない人は去るべきであって、植物の社会では消えていくわけですね」

実際、この明治神宮も東京の大空襲で火に包まれ、社務所などを焼失した。しかし、全焼を免れたのは、シイ、タブ、カシが育っていたせいだった。

明治神宮の林苑の造成が始まったのは、１９１５年のことである。造成は5年間にわたって行われた。植林された上位10種と各本数は以下のとおりである。

イヌツゲ	２１７８３本
クロマツ	１２３１７本
クスノキ	８９５７本
サカキ	７８８６本
カシ類	６６６６本
ヒノキ	６２４３本

ヒサカキ　５９８９本
アカマツ　４０５４本
スギ　　　３９３８本
ツツジ類　３７３２本

以下、スダジイ、サワラ、ケヤキ、サザンカ、モミ、ツバキと続く。その種類は、２７９種、総数は９万７５９９本、すなわち約10万本が植えられたことになる。近くの白金御料地（現在の自然教育園）からも何百本か移植されたらしい。

「当時の計画者が基本的にはその土地本来の郷土種による郷土の森づくりを目指した」（調査報告書）にもかかわらず、なぜクロマツ、ヒノキ、アカマツ、スギもまたそれぞれ数千本単位で植えられてしまったのか。10万本のうちいわば宮脇言うところの「偽物」も少なくない。

「日本中からの献木でしょ。献木は断るわけにはいかないから。だから、そういうのはつっかい棒的に使ってきたわけですね」

「では、いまはもうクロマツ、アカマツの類《たぐい》はないんですか」

「もうまったくと言っていいほど少ない」

宮脇はそう言いながらおもむろに低木に手を伸ばす。

「これは神事に使うサカキなんです。これも何かのときのために知っておいてください。本当のサカキは、芽がツメ状に尖っていて、葉に鋸歯《きょし》と呼ばれるギザギザがなくて、冬もフレッシュな緑です。ところが、サカキに非ずのヒサカキというのは、葉にギザギザがあって、ちょっとちゃちなんです。私はよく会社の社長とかにも言うんですが、『神事で本物のサカキを使ったらまともに金を払いなさい、ヒサカキを使ったら値切った方がいい』って」

そう言いながら、宮脇はニヤリと笑う。宮脇はときどきこんな辛辣《しんらつ》なことを言う。「偽物」が本物然と居座っているのが我慢できないのだ。

カラスの鳴き声が何重にも重なって、神宮の森に響き渡っている。ときどき頭上を何十羽というカラスの集団が通過していく。そのカラスの声をかき分けるようにして、宮脇が話し出す。

「で、いま大事なことは、植物の世界でも偽物が横行していると言いましたけれどね、本物と偽物を見分ける研ぎ澄まされた動物的な勘を養い、さらには十分な現地調査やこういう現場体験を重ね、さらに本を読んだりして、知見と動物的な勘と人間的な知恵で本物と偽物を見分ける力をつけることが一番大事なんですよ。計算は計算機がやってくれるし、測定も測定器がやってくれる。人間に残された唯一の能力は、自然が発している微《かす》かな情報から見えないものの全体をどう読みとって、問題が起きる前にどう対応するか。自然界では、天災と言われることでも、私の知る限りでは、地震以外は現代の科学や技術や人間の感性、知性で、必ず予兆をとらえられるわけ。自然が発している微かな予兆から、見えない全体をどう読みとって問題が起きる前にどう対応するか」

立ち止まったまま宮脇の話は途切れず続く。

「我々がいま見ているものは、人間によって変えられていて、セメントでおおわれた、いわゆる都市砂漠になっているけれど、人間活動の影響を受ける直前の素肌、素顔の緑は何であるか。もし人間の影響を全部ストップさせたならば、現在の潜在自然植生、ポテンシャルな自然植生は何であるか。それは、現場、現場、現場。現場に行けばわかる。たとえば、明治神宮に来れば、人間によってつくられたからたしかにまだ偽物は残っているけれど、下手な管理はしていないから、ちゃんと本物が育っている。50周年のときに調べた段階で、高木はそろっていたけれど、下草はまだ生えそろっていなかった。いま、80年たってそろそろ下草も土地本来のが出てくるようになりました」

目の前には20メートルを超えるクスノキがそびえている。クスノキは、造営当時、イヌツゲ、クロマツについで多く植えられた木である。そのクスノキを見ながら宮脇が言う。

「このクスなんかもまだ100年や150年生き延びるかもしれませんけれど、結局、もしこれを300年、500年置いたならばクスもそれ以上はもたなくて、土地本来の主役シラカシの森になるはずです」

そして目を移し、まだ林苑に点々と残るマツを見てこう言う。

「このマツはまだ生きていますが、生かすために相当毒をかけているわけです。昔から海岸はマツマツマツというわけですが、たとえば、モンゴルなんかに調査に行くと、ここは昔から草原であったと言う。向こうの科学者に聞いても、記録のある限りここは草原だった、と言う。それも日本のマツと同じことなんですね。記録、実証主義が19世紀の科学で非常に進歩したけれども、自然や生き物や環境に対してはまだわからん要因があるわけですね。にもかかわらず、わかったものだけで、その要因をコンピュータにインプットして、シミュレーション・メソッドでこれが人間の生存環境なんて言うから、予測しなかったほんのわずかな自然の揺り戻しや、浅はかな人知で予測できなかったものがちょっと多すぎても少なすぎても、極端にいけば人が死んだり、集団が破綻《はたん》したりするわけですね。いまはマツですけれども、本来は、関東でしたら海抜700メートルぐらいまでは、九州なら1000メートルを超えるところまで、日本は冬も緑の常緑広葉樹林帯です。北に行けばその高度はだんだん下がっていきますけど。日本海側では遊《ゆ》佐《さ》のまだ北、秋田県の象潟《きさかた》までタブノキがある。まあ、マツも部分的にはあったわけですが、マツ、スギ、ヒノキ、カラマツというのは、一般に広葉樹に対して競争力が弱いわけです。ですから、もし、人間の影響がなかったなら、平地はほとんどシイ、タブ、カシ林で覆われてしまうわけです」

西参道を数メートル歩いては立ち止まり、また歩き、と進んで行く。

マツの話は続く。

「さきほどのモンゴルじゃないけれど、人間が家畜を放牧するようになってから、森がだんだん劣化して草原になっていったはずなんです。同じことは、マツが一番多い日本の中国地方も1500年ぐらい前までは照葉樹林だった。花粉分析でわかるわけです。花粉分析というのは、土壌断面を掘りまして、湿原なんかに残っている花粉を分析して、カシなのかマツなのかスギなのかと調べるわけ。そうすると、下の方に広葉樹があって、1500年ぐらい前から急に針葉樹のマツが増えてくるわけ。人間が火を本格的に使うようになったせいです。まあ、世界の森を破壊したのは、家畜の過放牧と火入れです。火を使って焼いて裸地になると、広葉樹が出る前にマツがパイオニアとして生えてくるからマツ林になる。種子がパラシュートを持っているからどこにでも飛んでいってるわけ。しかも陽樹《ようじゅ》で裸地に最初に生育します。200年300年ほっとけば、またすぐシイ、タブ、カシの照葉樹林になるんだけれど、その途中で切ったり、焼いたりして。ちょうどケガしてカサブタができ、それをはがすとせっかく止まった血がまた出るというような足踏み状態でマツが非常に増えていった。中国地方では潜在自然植生域の250倍ぐらいマツが増えてしまった。そこで自然の揺り戻しとして、マツクイムシが増え、また山火事が頻繁に起こるわけです」

「スギ、ヒノキ、マツは、主に江戸時代からですが、特に官行造公林として税金をかけて大正時代から各地に植えてきたでしょ。戦後は広葉樹退治をやりましてね、政策として。各地で広葉樹を切ってスギ、ヒノキ、カラマツの針葉樹の画一造林を進めた。20年間も下草刈り、枝打ちをやれば当然競争相手がいないから、そこが針葉樹にとっても生理的に一番いいわけ。みんな住みたいわけです。だから、非常によく育つ。ただ、よく育つけれど、結局、長持ちしない。広葉樹林帯に植えたスギ、ヒノキ、マツが50年60年たつとモノカルチャー、同じものだけを無理に植えたところではその下に子供ができないんですね。ところが生物は弱ると子孫を残そうとして、必死で生殖作用を行う。植物の場合、花を咲かす。スギの場合は、花を咲かせれば花粉が出る。根が浅いから、台風でも地震でもやられる。伊勢神宮でも台風が来てやられたのは、みんなスギ、ヒノキ、マツであるし、やられなくてもこういうふうにいわゆるマツクイムシなどで枯れてしまう」

成長途中にある背丈ほどのシラカシの根元に歩み寄る。シラカシの下には、高さ10センチほどの何十本ものシラカシの幼苗が芽生えている。その一本の苗木を指し、「ちょっとこれを抜いてみてください」と宮脇が言う。しゃがみこみ、シラカシに手を伸ばす。宮脇から「ゆっくり、ゆっくり、動かしちゃダメ。根を切っちゃダメよ」と注意を促される。そっと抜いてみる。根を見た宮脇は「あ、切っちゃったな」と落胆した。10センチ近い根はついてきたし、ゆっくり抜いたつもりだったが、やはり先端が切れてしまったらしい。そもそも抜いてもいいものなのか、という疑問もあったが、おそらく宮脇は、シラカシの根をどうしてもちゃんと現場で見せておきたかったのだろう。

「シラカシは、一度根が出たら、台風、地震にもびくともしない。スギ、ヒノキ、マツ、カラマツは一般に浅根性《せんこん》で、根の張り具合がざるみたいですから、雨水の保全機能も水の浄化機能も低く、強風などで倒れやすい。幹や枝が折れやすい。シラカシは、根群が土中に深くしっかり張り、下手な鉄筋よりもいいぐらいに斜面も保全する」

夕方のせいだろうか、カラスの鳴き声がさらに大きく響くようになってきた。明治神宮がカラスの森になってしまったのはいったいいつからなのか。上から落ちてくる糞はともかく、森の静寂を破るだみ声の重奏は、やはり森の神宮には馴染まない。

宮脇はさきほどより小ぶりのクスに近づいていく。

「これはクスですけど、1枚ちぎって匂いを嗅いでみてください」と勧める。ちぎった葉をこするとハッカではないが何かシャープでそれでいて懐かしい匂いがした。

「昔、これで樟脳《しょうのう》とかを作っていたんです」

たしかに、樟脳の匂いだ。

宮脇は、クスの説明をし、続いてネズミモチとモチノキの見分け方を教えてくれる。明治神宮西参道の境内に向かう右側の森の床は、下草、低木、亜高木、高木という森本来の姿が整っているとは言い難い。まだところどころにスギやマツが残っているし、ソデには下草がそろっておらず、ところどころ寒々しい。森の縁を守るソデ群落がちゃんと生長していれば、そこで落ち葉は止まり、堆積し、やがて養分となって土に帰っていく。森は循環するのである。

そんな状態を見て、宮脇は言う。

「本当にエコロジカルな本質がわかっていれば、同じように森づくりをやりますけれど、当たるも八卦、当たらぬも八卦でやっているところと、ちゃんとやっているところがあるわけですね」

それでも、宮脇は、シラカシの下に育っている何本ものシラカシの苗木を見て嬉しそうに言うのだ。

「冬も緑のシラカシがいっぱい出ているでしょ。このままヘタな管理をしなければ、200年、300年もたてば、ここはもうシラカシの森になります。上がシラカシ、尾根筋にはシイがちょっとあって、ややくぼみの土の深いところにはタブも出てくる。そして亜高木には、モチノキやシロダモ、カクレミノ、ヤブツバキ、低木には、もう出てますね、アオキやヒサカキ。それからこれはマンリョウと言うんです。赤い実がなっています。これらが常緑樹の子分なんですね。上が冬も緑の本物なら下も本物。クレメンツの遷移説というのをたぶん中学校で習ったと思うけれど、裸地から一年生の雑草が出て、それから二年生の雑草が出て、多年生草本、低木が出て、それらは陽性の落葉樹林で、最後に土地本来の、この辺なら常緑広葉樹林のシイ、タブ、カシの森になる。それにはまあ、日本では250年から300年、東南アジアでは土地本来のラワンの森に回復するには、300年から500年かかるわけ。それではあまりにも長すぎるから、私はいま自分で植えている」

「悪平等っていうのは、危険な状態なんですね。高木はそれに応じて高木にしなきゃいけない。たとえば、カシとかシイは20~30メートルになりますけれど、その下のアオキやヤツデは3メートルにしかならない。ベニシダは60センチにしかならない。しかし、ベニシダは精一杯60センチまで大きくなって、固有の胞子を作り、あるいはアオキ、ヤツデ、ヒサカキは実をならす。高木、亜高木、低木、下草とそれぞれが多様な自然環境に応じた種の特性にそって多彩な生物社会を作る。それぞれの種の能力に応じて、精一杯生きるのが生物社会の健全な状態なんです。人間社会も同じであります。規格品づくりの画一化、悪平等は不安定で長持ちしないんです」

宮脇は参道を離れ、一歩森の中へと足を踏み出す。落葉樹の葉っぱがうっすらと積もっている。

「一踏み1万匹と言ってね、落ち葉の下には1万匹以上の分解者のササラダニがいる。トビムシとかダンゴムシ、ヒメミミズ、ミミズ。また、カビや菌類の類は何十万もいるんです」

と言いながら、宮脇は手で葉をかき分け、黒い土を自らの手でひとすくいする。

「カビの匂いがしませんか」

カビというよりも、芳醇な赤ワインの発する深い香りを思い浮かべてしまう。

「カビというのは菌類なんですよ。微生物なんですね。何十万といるわけ。だから、土は生きている」

そこから少し歩いて行くと、高さ10メートルほどのシラカシの下にドングリがいっぱい落ちている場所があった。宮脇は、それまでに増して熱く語り出す。

「ごらんいただければわかるけれど、ここにいっぱい種が落ちている。種は何百、何千、何万。これ見てごらんなさいよ！　そして、その中から生き残った小さな木が1平方メートルに３００本も４００本も出ている。我々が以前、この辺に多い路傍雑草オオアレチノギクで調べた結果ですが、1平方メートルに1万７７７６本あったのがたった1年半で76本しか残らない。99パーセント以上が死んでいく。じゃ、生まれる前に１００万以上の種があったのに、なぜ1万７７７６本しか出てこなかったのか。それは、もう、生き物は生まれる前にひとつの関所があるわけです」

ここで宮脇の話は、植物社会から人間社会へと転換する。

「みなさんよく、親が勝手に産んだと言うんですけど、たとえば、私たちがいまここにいるのは、大変天文学的な奇跡なんですね。いまから三十数億年前に何かの拍子に我々の血液と同じような塩分濃度の、ちょっと陽の当たるような海岸沿いで偶然精子か卵子のようなひとつの細胞みたいな命が出てきた。それが三十数億年の時間をかけてゆっくりと進化して、現代のような土の中、水の中、あるいは空気の中にいるようなこれだけの多彩な生物社会に発展しているわけ。で、人類が出てからせいぜい４００万～５００万年。まあ、みなさんと同じ骨組みをしたのが出てから30万年か50万年ですし、その中でいま、みなさんが生きているというのは、三十数億年前に何かの偶然のようなチャンスで出てきた命の種、遺伝子が受け継がれてきた奇跡なんです。胎内でも十月十日《とつきとおか》流されずに出てきて、まあ、今晩、これからのことはわかりませんが、交通事故にも遭わずに生き延びてこられた。これはまさに本当に奇跡的な事実なんですよね。だから、命は大事にしなきゃいけない。この植物だって、見てごらんなさいよ！」

「もうひとつ大事なことは、いまIT革命とか言われていますが、科学、技術の発展のことを考えれば、これは大事かもしれない。だけど、どんなに我々が科学や文化や技術を発展させても、この地球上に生かされている限り、実は自然の一員であり、生態系の中では緑の植物の寄生虫の立場でしか人間は人間特有の豊かな知性も感性も、生まれてくる子どもたちの遺伝子も、守れない。そのどうしようもない生物社会のしがらみといいますか、冷厳な仕組みがあまりにも無視されている。これは非常に危険な状態であって、我々はまず、生物は生きていて、そして健全に子孫を残せるそういう状態の中で、科学も技術も産業もあるいはIT革命も必要なわけですけど。それが何か架空の世界にとらわれて、本物の生の自然、生き物というものが忘れられている。命に対しての尊厳性もあるいは自然に対しての畏敬の念も忘れられている。これは非常に危険な状態なんです」

「生物は生きるためにはその器官を絶えず動かしていなければならない。にもかかわらず、刹那的な効率性、利便性のために座って目で見、コンピュータで指先を動かすだけで世界が自分のために動いているような錯覚にとらわれてしまう。他の器官を休ませているということは、退化させ、機能を衰えさせているということなんです。だから、大事なことは、いくら我々が威張っても、どんなに金を儲けても、あるいは財産を持っても、結局は死ねばゼロ。壺に入っている骨すらミネラルになって緑の植物に再生産される。ひとつの物質循環のパートにしかなりえないわけです」

と宮脇は一気に熱く喋《しゃべ》って、しゃがみ込む。

「こんなにドングリが落ちていて、この中のほとんどすべては、途中で残念ながらこやしになってしまって、本当にシイノキになったりカシノキになる木は、何千本、何万個にひとつなんですね。虫とも競争しなければならない。ドングリをちょっと齧《かじ》ってみてください。たいてい虫が入ってますから」

宮脇は、そのいずれ淘汰されてしまう明治神宮のドングリを大学生のボランティアと拾い集め、ポット苗にしている。JR安中榛名《あんなかはるな》駅前のリゾート定住住宅建設地斜面の植樹で植えられた30万本のうちの4千本はここ明治神宮の森の木の子孫である。

次第に境内が近づいてくる。と同時に人の数がにわかに増えてくる。ザクザクという玉砂利の音が重なる。神宮内でのインタビューも終わりに近づいてくる。陽が傾き、冷気が増してきた。

「最後に、お訊きします。鎮守の森に未来はありますか。21世紀の間、全国の小さな鎮守の森を含めて残り続けますか」

「神奈川県には、かつて2850もの鎮守の森があった。それがいまでは、わずか40になってしまった。日本全国では17万以上あったといわれていたが、いまではいったいどれぐらいになってしまっているのか。非常におもしろいのは、鎮守の森は英語にもドイツ語にも訳せないんです。たとえば、家の周りですと、ホームフォレストという言葉が英語にある。あるいは、ふるさとの木によるふるさとの森はネイティヴフォレスト・バイ・ネイティヴトゥリー。一神教のキリスト教は、中が聖なる所であれば、周りに家畜小屋があろうが売春宿があろうがいいけれど、日本では小さな祠《ほこら》でもお寺でもその周りには必ず森が残されていた。聖域として。この日本の英知、これをもう一度見直すべきではないか。その原点がいわゆる鎮守の森であって、その鎮守の森に象徴される、文化的、あるいは感性的なもの。さらには災害防止、環境保全。万一の場合は逃げ場にもなる。そういう命の森の原点が鎮守の森。幸いにも日本中どこにでもあるわけです。それが沖縄では御願所《うがんじょ》あるいは御岳《うたき》といわれているわけ。地球上で文明が発達したところは、みんな半砂漠化しているわけです。メソポタミアもエジプトもギリシャもローマ帝国も。我々の祖先ももちろん、木を切ったり、焼いたりして、水田や畑を作ったかもしれませんが、皆殺しをしなかった。必ず一方においては、ふるさとの木によるふるさとの森を残してきた。愚か者が破壊しないように、神社やお寺や祠やお地蔵さんをまつって、この森を切ったらバチが当たるというふうにしてきた。この日本人の英知を見直すべきだと私は思います」

「先生のおっしゃる鎮守の森は、何も神社だけでなく、鎮守の森的なスピリットをも含むわけですよね」

「いわゆる鎮守の森を原形にした幅1メートルの道沿いでも結構なんです。万里の長城沿いには長い鎮守の森をつくろうということでやっているわけですからね。もういまからやっても仕方ない、だからやらないじゃダメなんです。我々が主役ですからね。地球の命のドラマは。何としても滅亡してはダメなんだから、生き延びないといけないんだから。そのためにはできるだけ命の森をつくっていただきたい。幅1メートルでもいいから。ひとりが50本100本植えてもたいしたことはないかもしれないけれど、それを地球60億の人たちがそれぞれの足元で、それぞれの土地の能力に応じて、1000年残る鎮守の森をつくっていただきたい」

境内に一歩足を踏み込むと、そこには老若男女《ろうにゃくなんにょ》があふれていた。宮脇は、かぶっていた帽子をかばんに入れ、お参りする。賽銭《さいせん》を入れ、二拝二拍手一拝。

「別に神や仏を信じる信じないは関係なしに、これだけの文化と自然と伝統を残し、育てている、文化の基盤を作ってくれているんだから、なんとしてもこれに敬意を表するのは当たり前ですからね」

帰りは南参道から原宿駅に戻ることにする。夕暮れどきにもかかわらず、南参道から境内に向かう人の波は切れない。

「もし、八十数年前、スギ、マツ、ヒノキ、カラマツだけを植えていたら、みんなダメになってしまっています。すべて芝生にしていたら、永遠に管理費が必要だった。偽物も多いけれど、八十数年の時間の経過の間に、だんだん偽物が消えて、より本物に近づいているというのがいまの明治神宮の姿です」

さきほど待ち合わせをした原宿の橋の近くまで戻ってきたときに、宮脇に尋ねた。

「やはり、この先ひとつでも森を増やすことが先生の目標なんですか」

宮脇はこう即答した。

「そこまでの責任感も使命感もないですけれどね。やれるところからやろう、と……。

ただ、（森づくりの話があれば）チャンスは逃さない。チャンスはつかむべきである、つくるべきである、と。それでトライしてみる。やる前からダメだと思うことはない。ずっと前向き、前向きで来た。だから、過去も夢、未来も夢、いまこの瞬間生きていることだけは事実ですから。その積み重ねがあるだけです」

橋の上にはまだ人があふれ、相変わらずの喧噪が続いていた。別れを告げ、その人々の間をぬうようにして足早に宮脇昭は原宿駅へと歩いて行った。それは決して、76歳を迎えようという老人の後ろ姿ではなかった。

9章 ボルネオ——熱帯雨林の再生

環境問題はひとつのことでは解決しない。みんなが少しずつ我慢する、それしかない

サスペンションがほとんど効いていない旧式のバスは、がたがたの路面を直接拾いながら、パームヤシ林の中を貫く国道を走っていた。マレーシア・サラワク州、つまりボルネオだ。完全ではないが比較的原生林の残っているニア国立公園へとバスは向かっている。乗っているのは三菱商事が主催する植林ツアーに参加した二十余名の三菱系社員とそのOB。社内広報誌などを見て自腹を切って応募してきた男女である。20代から60代と年齢の幅は広い。直接環境系のセクションにいる人もいれば、そうでない人もいる。いずれにしても、マングローブの繁る国立公園を歩き、自らフタバガキ科のポット苗を植える体験ツアーによって、現場で環境問題を考えてみたいと参加してきた人々である。

現地ガイドのマレーシア人チャイがツアー客に日本語で解説する。

「森林の保護は行われているんですが、いくら守ろうとしても、切ってしまう人はいる。また、金持ちは、パームオイルを作れば儲かるので、木を守ろうとしない。パームヤシは苗を植えて2年半ぐらいで実がなります。だいたい6年ぐらいたった木が一番いい。パームヤシは搾《しぼ》って油を出すわけですが、あらゆる部分が使えます。白い肉のところは、化粧品やチョコレートに使われます。コレステロールのない植物油としても重用されている。いまでは、ある地区ではパームヤシばかりになっています」

チャイがここまで喋《しゃべ》ると、宮脇昭が立ち上がりマイクを奪った。道路の両側に広がるパームヤシ群を見ながら、宮脇が話し始める。宮脇は揺れるバスなど気にしない。言葉には怒気がある。

「いまみなさんが見ている景色は、すべて人間によって変えられてしまったものです。本来の熱帯雨林は、高木から低木、さらには超高木である50～60メートルの木々からなる。ジャングルを自然の状態のように思いますが、これはあくまでも人間によってつくられたもので、森が破壊されると混乱状態に陥ってツル植物が出てくるジャングルになる。しかし、ツル植物の多くはあくまでも代償植物なんです。みなさん、熱帯雨林の本物と偽物を見分けるぐらいの知識を身につけて帰ってください。

右側を見てください。ゴムの木が売れるとなるとゴムの木をつくり、パームが儲かるとなるとパームをつくる。本来、いま見ているところはすべてうっ蒼とした熱帯雨林の森でした。よく、地球にやさしい植物性の洗剤といって主婦のみなさんが使っていらっしゃいますが、それは、ある意味で間違いでもあるわけです。その地球にやさしい原材料はこのパームヤシです。植物性洗剤は、地球にとってかけがえのないこの熱帯雨林を破壊しているわけです。たとえば、エビの養殖にはミジンコが必要で、マングローブ林にはたくさんミジンコがいる。そのマングローブ林を切り倒して、エビを養殖している。そして、ミジンコがいなくなればまた新たなマングローブ林を切り倒す。みなさんが食べるお鮨もマングローブ林を破壊しているかもしれないんです。結論から言うと、環境問題はひとつのことでは解決しない。みんなが少しずつあらゆる分野で我慢する、結局、それしかないんです」

両脇のパームヤシ林が少し途切れ、草原になったように見えるが、実は、その草原には小さなパームヤシが規則的に植えられている。新しい畑だ。ここの土地がやせればまた別の森を切り開くか、化学的に土地を肥やすしかない。パームヤシが整然と並ぶ草原が、見渡す限り延々と続いていた。

原生林に近い森が保たれている国立公園を歩いたあと、ホテルに戻ってきてから、僕は宮脇の部屋を訪ね、短いインタビューをした。

最初に訊いたのは、バスの中でも少し話が出た環境問題に関してだった。

「環境問題でよく言われるのは、『地球にやさしい』とか、『緑が泣いている』『かわいそうな野鳥や虫を保護しなきゃいけない』といったことですが、本質はそんな情緒的なものじゃなくて、生態系のトップにいる一番弱い立場の人間自身が生き延びるためには、生態学的なシステムが必要ということです。植物に関心がなくても、野鳥なんか嫌いであっても、あるいはモノを腐らすカビもバクテリアも皆殺しにしたいかもしれないけれど、最低限の生物社会のシステムが維持できる程度には、他の生物も生かしてやらなきゃいけない。自然を守るというのは、野鳥のため、緑のため、地球が危ないとかだけではなく、あなたのため、あなたが愛する人のためなんです。木を植えれば日陰はでき、落ち葉が舞い、虫も来る。でもそれは、自分が都市砂漠の中でも当分生きていける、他の生物と共生できるという命の証《あかし》なんです。落ち葉を踏んで生きていけるということは、生態系の一員、緑の寄生虫の立場でまだ生きていける証なんです。それを落ち葉が落ちるから木を切れとか、あるいは殺虫剤、殺鼠剤《さっそ》で全部やってしまえというのは、自殺行為なんです。自分のエゴを維持するためには、他の植物も生かさなければいけないんです。自分が生き延びるには、邪悪なヤツも多少我慢して生かしていかなきゃいけない。そうじゃないと自分の命がダメになる。心がダメになる。子どもがダメになる。遺伝子がダメになる。どんなに科学技術が発展しようと、金が儲かろうと、地球上に人類が生かされている以上、これは永遠に変わらない」

人口問題、温暖化、水資源問題、砂漠化、食糧難、大気汚染、新種ウイルスの出現、そして森林の減少……。人間を取り囲む悪の連鎖は年々加速し膨張し続けている。何十億年もかけて作られてきた石油をはじめとする「ストック」を使うことに何らの罪悪感も持たず、経済と環境の両立を大義名分に、「シャロー・エコロジー」（浅いエコロジー）なやり方でよしとする環境派もいる。環境学者は、現在の地球の状態を氷山と衝突して沈没したあのタイタニック号にたとえる。いまの地球（人間）は危険が迫っていても止まることをせずに進み続けている、つまりストックを使い続け、汚染物質を吐き出し続けている、と。経済学者も政治家も、ときにはある種の環境問題のリーダーでさえも、タイタニックのスピードを落とそうとは考えていないかのようだ。スピードを少しゆるめスタイルをわずかに変えるだけで危機は回避できるという妄想を抱いている。いま必要なのは、一刻も早く「ディープ・エコロジー」（深いエコロジー）を学び、「ストック」から「フロー」へと切り替えることなのだが。

はたして、人類に未来はあるのか。

「60億の人間が自分の足元から木を植え、努力すれば、まだ当分宇宙船地球号は生きていけると思いますが、そうでなしに、いわば場当たり的に対処療法だけでそれがあたかも科学や技術の成果のように思ってやっていたら終わる。生物社会の本質でおそらく大量死を招くでしょう。シャーレに培養したバクテリアが、ある日突然ボコンとダメになるように」

宮脇のホテルの部屋の大きくあいた窓からはゴルフ場が見え、芝生の合間にぽつりぽつりとヤシが植えられている。宮脇はもちろんゴルフはやらない。これといった趣味もない。趣味は？　とずっと以前に訊いたことがあったが、そのときは、「木を植えることですよ。何千人という人が参加して満足な顔をして帰って行くのを見ること」という答えが返ってきた。その後、宮脇と頻繁に顔を合わせ、植樹に参加するようになって、それはあながち嘘ではないんだ、ということがわかってきた。

バスで周遊中にどうしても気になっていたことを宮脇にぶつけてみた。

「パームヤシを育てて売って、それでなんとか生活している現地の人に、パームヤシをやめろとは言えないのではないでしょうか」

この問いは、実はクアラルンプール支局から取材に来ていた日本人の新聞記者にも前日訊かれたらしい。パームヤシ畑の間に点在するバラックの貧しい家々を見れば、当然わいてくる疑問なのだ。

宮脇は、皮肉な笑みを浮かべ、こう答えた。

「限られた時間ではどうしても長い命の歴史、広い地球規模の時間と空間のことは話せませんから、いま一番欠けている、いま一番本質的で大事なことを強調しますから、あいつはそれ以外のことは何も考えていないんじゃないかと短絡して考える方がいらっしゃる。だけど、そうじゃなくて、いま、何が大切なのかなんです。伐採、火入れ、焼き畑によって、森林はほとんど破壊されてしまって、やっとわずかに原生林らしきものが残っている、というのがいま現在の状態なんです。道路から見ると、道沿いだけにパームヤシがあるように見えるけれど、ヘリコプターから見ると、一番大事なまだ残されていた森のところまでパームヤシに占められ始めている。で、その他には、パームヤシを植え、焼き畑をして土地がやせてしまい、アランアランやイセエマムと呼ばれる日本で言うチガヤやケカモノハシの類《たぐい》、牛も食わないイネ科の硬い植物で覆われているわけです。しかも乾季になるとそれが人間の手によって全部燃やされているわけ。で、乾季が終わると今度は雨季です。バケツをひっくりかえしたような大量の水が流れるわけです。そうすると、わずかな表土も流されてしまって、生物資源の宝庫と言われた熱帯雨林が坂道を転げ落ちるようにどんどん劣化して、回復不可能のような状態になってしまった。こういう状態だと、人間の影響を仮に全部ストップさせたとしても、自然に任せて回復させようと思うと、おそらく500年、いやそれ以上かかるかもしれない。したがって、一方でパームヤシを植えて破壊するなら、その金のせめて10分の1、100分の1の予算を熱帯雨林の再生のために割《さ》いていただきたいということなんです。あるいは、荒廃地に外国のユーカリやアカシヤマンギュウムやアメリカのマツを植えるんではなしに、潜在自然植生に応じた熱帯雨林の回復、再生、創造をやって、全体のバランスをとらなきゃ、刹那的なパームヤシの栽培すら続かなくなるわけです。それは、決して地域の人のためにも、地球資源のためにもプラスにならない。しかも、かつての焼き畑みたいに、お父さんが穴を掘って、娘さんが陸稲《おかぼ》のモミを播《ま》いたような状態と違って、その何百倍、何千倍が一気に画一化され、変形され、破壊されているわけです。一方は完全に破壊されているんだから、他方で自然度の高い森を再生してバランスをとるべきだ、というのが私の主張なんです。琵琶湖の水を綺麗に保つために植物性洗剤を使っていると喜んでいることは、他方においてその何百倍も大事な熱帯雨林を消滅させているんだから、それをやるならそれに対応できる程度の土地本来の熱帯雨林を再生することをやらないと、結局、人類が破滅することにつながるんじゃないか、と私は思うわけです」

日本の林業にしても、マレーシアのパームヤシにしても、それで生計を立てている人がいることぐらい、宮脇は重々知っているのだ。要はバランスの問題なのである。

原生林が失われたことで、もちろんボルネオの動物の生態系も著しく変化している。たとえば、オランウータン。マレー語でオランは人を意味し、ウータンは森を表す。つまり、森の人だ。50年前には40万匹いたともいわれる「森の人」はいまや2万匹に激減している。オランウータンをはじめ木の上で暮らす動物にとっては、もはや最終段階ともいえる危機的状態を迎えているのである。

宮脇昭が東南アジアの海と陸の接点に生きるマングローブ林と原生林調査に初めて訪れたのは、1978年のことだった。内外のマスコミでは日本人による節操のない森林伐採がすでに幾度となくとりあげられていた時期である。

かねてから宮脇は熱帯地域の調査をやってみたい、と思っていた。財界などのバックアップによって1950年代から熱帯雨林の調査に入っていた京都大学を、宮脇は羨望の眼で見続けていた。宮脇に限らず生態学に携わる者たちが熱帯地域の調査をしたいと思うのは、熱帯地域では植物が最もいい条件で生育するからだ。つまり、そこでは生物の成長のマックスを見ることができるのである。

宮脇に海外調査費を拠出したのは文部省だった。

78年11月にタイ入りした宮脇たち調査隊は、翌79年2月までアンダマン海沿いのマレー半島を移動しながらマングローブ林を中心に踏査した。到着した日一日ぐらいはバンコクで休むのが普通だが、宮脇隊はそれすらせず現地に入る。宮脇の気概だった。その結果、普通の調査隊が半年かけてやるぐらいの調査量を半分の期間でこなしてしまった。もちろん、その結果として、調査に参加した隊員たちの困憊《こんぱい》ぶりは半端なものではなかった。

こののち毎年のように行われる熱帯雨林の調査に参加した主な教授と研究員は、青木淳一、奥田重俊、鈴木邦雄、藤原一繪、佐々木寧、原田洋、大野啓一、中野幸人、持田幸良、村上雄秀、鈴木伸一、藤原陸夫らである。64年生まれの目黒伸一ものちにこれに加わる。目黒は横浜国大大学院で安全工学（セラミックスの強度評価の研究）を専攻していたが、ドクターコースで一転、生物の世界に飛び込んだ。たまたま宮脇の講演を聴いて惹《ひ》かれ、その後は熱帯雨林再生をテーマにしている。宮脇は横浜国大を退官する1993年までの間にこの目黒を最後に18人に学位を与えている。横浜国大には当初、学位権がなかったにもかかわらず、だ。逆に言えばそれだけ優秀な学生が宮脇のもとに集まって来ていたとも言える。宮脇は広く門戸を開いていた。もちろん、宮脇の強い個性と合わず、去って行った者もいる。「去る者これを追わず、来る者これを拒まず」は宮脇の口癖だ。宮脇の長年の調査を支えてきたのは、間違いなくこれらの優秀な植物生態学者たちである。これなしには宮脇のいまはありえなかった。しかし、逆に言えば、宮脇には人を見る目、人を走らせ組織を動かす圧倒的な力がそなわっていたとも言える。これは他の植物学者にはない宮脇の唯一無二の能力である。

隊員たちに対して宮脇は容赦《ようしゃ》なかった。日曜日だろうが、雨の日だろうが調査を決行した。もちろん、あまりにも雨がひどいときは、中止ということもあった。だから、雨の日の出発前、調査隊のメンバーたちは、すがるような思いで宮脇の顔をうかがった。「今日は中止」の一言を期待するのである。しかし、ほとんどの場合、「よし、行こう」となった。

マングローブ林に着くと、今度は泥水、泥土との格闘だった。先陣を切って水の中に飛び込む宮脇に隊員たちは続かざるをえない。腰まで泥水につかりながら、宮脇隊は10メートル四方に縄を張り、その中の植物をしらみつぶしに調べ、同定していった。ときに泥水が胸の高さまでくることがあったが、そんなときは水圧でなかなか前へ進むことができなかった。泥土に足をとられ、身動きがとれなくなることもしばしばだった。もがけばもがくほど沈むので、体を動かさないようにして、他の者が投げるロープを待って引き揚げてもらうしかなかった。

マレー半島の南方の小さな村で宮脇と横浜国大教授の奥田重俊の2チームに分かれ調査していたある日、トラブルが起きる。夜10時になっても11時になっても、ふたつのグループが帰ってこないのだ。原稿の締め切りに追われ、ひとり残っていた藤原一繪は、次第に不安になってくる。夜半になってようやくほうほうの体で宮脇チームが戻ってくる。しかし、奥田チームは音沙汰なしである。大雨の日だった。電話もなく、連絡の取りようがない。警察に捜索を依頼するにも方法がなかった。宮脇はさすがに、流されて死んでしまったら困るなあ、と思うようになる。結局、奥田グループが戻ってきたのは、翌朝になってからだった。川が増水し、身動きが取れず野宿していたのである。熱帯雨林での調査はアドベンチャーと何ら変わらなかった。

もっとも、タイの調査はまだましだった。政府は協力的だったし、滞在中の何日かはホテルに泊まれたからだ。

大変だったのは、その次に行ったインドネシアだった。まず、調査に入る半年前に、調査許可をもらうため、金を支払わなければならなかった。そして、いざジャカルタに着いてみると、また改めて、リピーという調査機関や警察官から裏金を要求された。「我々はもう払っている」と言っても、「いや、ここは別だ」と言い張る。「国の金だから領収書が必要だ。書けるのか」と問うと、「何枚でも何回でも書いてやる」と言う。

不正な要求であることは疑いようがなかったが、調査を続ける以上その汚れたシステムに服従するしかなかった。

当時のボルネオでの原生林の調査は困難続きだった。

リコー川沿いに半日かけて上流に進んだところが、宮脇たちの最初の調査拠点となった。三菱商事とインドネシア政府との合弁会社が伐採をしている現場である。1カ月ほど植生調査をしたが、さらに奥地へと進まなければわからない、ということになる。というのも、その現場は、あくまでも人間の手がかなり入っている代償植生で、より奥地の人の手が加わっていない植生を見る必要が出てきたのだ。

原生林の中には、もちろん泊まる場所はない。現地で雇ったインドネシア人に作ってもらった高さ2メートルぐらいの簡易ベッドがベースキャンプとなった。木と木の間に細い木を並べて、その上にヤシの葉をかぶせただけの本当に粗末な代物だった。落ち葉を背中に敷いてはいたが、最初のうちは背中が痛くて眠れない。しかし、3日もすると、疲れが眠りへと引き込んでくれた。

2万種類とも3万種類ともいわれる植物群を前に、調査自体も困難を極めた。植物の名前がなかなか明確にわからないのである。どうしても同定できない植物は、結局、ホルマリンにつけてジャカルタまで持ち帰らなければならない。ジャカルタの近くの町、ボコールにはかつてオランダがつくった植物園があって、そこには熱帯雨林の植物に精通している中国人がひとりいた。その中国人植物分類学者に同定してもらわなければならない植物も少なくなかった。

原生林に向かう獣道《けものみち》で待ち受けているのはヒルだった。ヒルは溶血素を出すため、かまれると傷口がいつまでもかゆく、2～3日は血が止まらない。下から這い上がってくるもの、上から落ちてくるものと、ヒルの攻撃には間断《かんだん》がなかった。焼き殺すための100円ライターは手放せなかった。

マラリアの心配も常につきまとった。事実、日本の国立大学の教授がタイのマングローブ林でマラリアにやられ命を落としていた。

食事もバランスよく食べられたのは最初の数日だけで、すぐにまともな食料は尽きてしまう。というのも、ガイドとして同行しているインドネシア人たちが勝手に缶詰を開けてしまったりするため、最後は外米に塩だけという状態になることがしばしばだったのだ。

小便と大便は木の上からした。下には野豚が待ち受けていて、その大便を食った。その野豚を現地の人が旧日本軍が残した歩兵銃で撃ち、焼いて食べた。宮脇たちも、もちろん食した。

すぐになくなるのは砂糖だった。インドネシア人はコーヒーにものすごい量の砂糖を入れるのだ。また、宮脇たちも疲れのせいか、身体が砂糖を要求した。

宮脇たちの身体を最も痛めつける要因となったのは、濃密な湿度だった。夕方、調査から木のベッドに戻り、木と木の間に下着をぶらさげて乾かすのだが、翌朝下着に触ってみるとまだ滴《しずく》が垂れるぐらいのひどく不快な湿気だった。

宮脇には深夜の熱帯雨林の森から吐き出される音が忘れられない。バリバリ、ザリザリ、ガサゴソとものすごい音が前後左右から聞こえてくるのだ。虫が葉を齧《かじ》っている音だった。その虫のサウンドに混じって猿や豹の叫び声が聞こえ、明け方近くになるところにさまざまな野鳥の鳴き声が加わった。毎日その音を聴いていると、一定のリズムがあることもわかってくる。熱帯雨林に静寂はなかった。

宮脇は、熱帯雨林の中に身を横たえながら、改めて三十数億年続いてきた自然のシステムを感じざるをえないのだった。

このの ちも定期的に熱帯雨林の調査は続けられるのだが、1990年、宮脇はここでもまた森林再生プロジェクトをスタートさせる。パートナーとなったのは三菱商事である。

三菱商事では、60年代に入ってから東南アジアの木材の輸入を本格的に始めている。最初はフィリピンで行い、続いてインドネシア、マレーシアで伐採を行った。その後80年代に入り、日本企業バッシングとほぼ同時期から森林伐採に対する批判が高まっていくわけだが、三菱商事はそれに応えるかの如く、90年3月に地球環境室を社内に設置することになるのである。ただし、森林伐採の元凶と言われ非難を浴びてきた商社だが、実際に宮脇が調べてみると、これは少し事実と違っていた。たしかに、商社は大量に伐採し、ラワン材を日本に出していた。しかし、必ずしも「根こそぎ」ではなかったのだ。その頃には胸高直径《きょうこうちょっけい》80センチメートル以上の超高木《ちょうこうぼく》しか切らないようになっていた。しかもその超高木は、1ヘクタール当たり2～3本、多くてもせいぜい5～6本しかなかった。それを周りの高木や低木を傷めないよう慎重に切り出せば、個々の木の変化はあるにせよ、森林システム自体は持続するのだ。あとさき考えず、根こそぎ木を切っていたのは、むしろ他の東南アジアの国々だった。

しかし、ジャパン・バッシングに乗じた日本の商社批判は消えることなく続いた。たとえば、アメリカの環境団体は1989年8月、『ニューヨーク・タイムズ』に全頁の広告を掲載し、「将来の地球環境を危うくする世界の8人の指導者たち」の見出しで、米国大統領やブラジル大統領とともに三菱商事の社長・諸橋晋六の名を挙げた。熱帯雨林破壊の推進者というのがその理由だ。三菱商事として看過できなかったのは、そうした一連のキャンペーンが、ヨーロッパで発行していた社債に影響を及ぼす可能性が出てきたことだった。実際、ポルトガルで現地生産していた三菱自動車のクルマが槍玉に挙げられたり、米国やヨーロッパで反三菱デモが起きた。商社の熱帯雨林破壊批判は、いわばそうした一連のバッシングの集約だった。

三菱商事が地球環境室を設置した理由の背景には、実のところそうした批判に対しての対抗措置という部分が少なからずあった。そして、その最初の仕事として熱帯雨林再生プロジェクトを立ち上げたのである。熱帯雨林破壊を批判されるなら、熱帯雨林に原生林を再生してやろうじゃないか、というところだった。現在企業が行っている環境貢献活動の多くは、言うまでもなく一種の広報活動である。石油会社の植林活動などは偽善とは言わないまでも矛盾をはらんでいることは間違いない。もっとも、人間の経済活動と環境問題はそもそも矛盾している。ただもはや、木が植えられ、環境問題が提示されることは、必ずしも否定されるべき時代ではないはずだ。100年余の人間たちの自分勝手な活動への償《つぐな》いは、すみやかに必要とされている。もちろん、より根本の人間の欲望、それをくすぐる広告、モノの大量生産と消費といった問題に言及しなければ、結局のところマッチポンプの域を出ないわけだが。

三菱商事総務部次長の橋本良昭が初めて宮脇昭を見たのは、91年のことだった。熱帯雨林再生プロジェクトのスタートにあたり、関係部署の役員や広報部などの社員が会議室に集まり、宮脇の講演を聴いたのである。橋本は、学者と聞いて少し斜に構えていた。商社マンが学者の言うことを聞いて動いていたら仕事にならないだろう、と傍観していたのだ。他の社員も同じように比較的しれっとして見ているような印象だった。逆に、宮脇はやたらに元気がよく、自信に満ちていた。上の人間から見れば生意気なやつと思われる人物だと橋本は思った。髪の毛は短く、目の玉がぎらぎらとしていて、言葉遣いは丁寧だけれど何かあるとすぐきっとムキになる。百戦錬磨の商社マンを前にしてもまったく動じない。こういう人に振り回されたらかなわんぞ、と感じていた。橋本はプロジェクトの予算を管理するだけの立場で、直接プロジェクトに関わりがなかったから、特にそんなふうに思えた。

しかし、プロジェクトは橋本の予想に反してものすごいスピードで動き始める。地球環境室長の守恭助と次長の小沢正明、宮脇昭の3人のチームワークが見事で、あっという間に人々がその高回転の渦の中に巻き込まれていってしまうのだ。植林規模も予算も3人のプレゼンテーションと行動力でまたたく間にふくらんでいった。

プロジェクトの現場を任されたのは、やはり長く宮脇の設計図を具現化してきた造園業の前田文和だった。

ある朝たまたま前田がNHKの番組を見ていると、宮脇が出演していた。宮脇は「ボルネオの森の再生を始めます」といった内容のことを語っていた。前田はいったい誰が行くんだろうと他人事のように思って眺めていたが、すぐに、「ボルネオのラーメンのおいしいところがあるから行こう」と連絡が宮脇から入る。ボルネオにラーメンといってもなあ、と思いつつ現地に入ると、ラーメンもそこそこに宮脇は「いいか、君が責任持ってやれ、命をかけてやれ」と強い口調で言い放つのだった。

前田は、帰りの飛行機で社員の誰を派遣するか思案した。ボルネオで短期滞在を繰り返し仕事をさせるには独身者しかいないな、と思い、結局、鈴木正幸に白羽の矢を立てた。

1990年、マレーシア・サラワク州ビンツルにあるマレーシア国立農業大学の約50ヘクタールの焼き畑跡地でまずプロジェクトは実験的にスタートする。

ボルネオ入りした鈴木正幸を待っていたのは、約束を守らない現地の業者と、修理に出ている方が長い農作機械と、言うことを聞かない黄色くごつい土のかたまりだった。が、それより何より苦労したのは、苗木作りだった。当初、原生林の中に生えている自然の苗をそのまま抜いてきてポット苗化しようとした。それが一番楽な方法だったからだ。ところがこれはうまくいかなかった。山で育った苗を人工的なナーサリー（苗床）のような場所に持ってくると、環境の違いによるストレスで枯れてしまうのである。結局は、種から育てるしかない、ということになる。

育て方は繊細を極める。まず最初は80パーセントぐらい太陽光を遮蔽し、それから成長に応じて徐々に明るくしていく。そして、数カ月後、いったん苗木を既存林つまり残存林の中に1週間から1カ月程度返す。熱帯林では50メートルの高木の下には、およそ１５００本もの後継樹の幼木がひしめき合っている。その中にいったん戻し、自然環境に順応させるのだ。

鈴木は1カ月半に一度の割合で現地に足を運び、半月滞在して日本に戻るということを3年にわたって繰り返した。熱帯の中での作業が楽だといえば嘘になるが、鈴木はさほど苦だとも思わなかった。土木畑出身の鈴木は、作ってできあがったときが１００パーセントの土木建築と、植えたときがスタートである緑の修復の違いをボルネオで改めて噛みしめていたのである。成長を待つ喜びを体感していたのだ。宮脇の「成功するまで帰ってくるな」という叱咤は、もはや励みだった。

地元の人々とともに種子を拾い集め、1年目で20万個の種子を用意した。当初苦労したポット苗の作成も、試行錯誤を繰り返すうちに軌道に乗り始める。そして、91年7月に第1回植樹祭を行いスタートした熱帯雨林再生プロジェクトは、わずか10年間でフタバガキ科のホペアやショレアを中心とする約１００種類40万本もの苗を作り植えていく。最初の年に植えた苗木は、10年後には高さ20メートルの高木に成長、森を形成するまでになった。

熱帯雨林は再生不可能と、多くの植物生態学者は言っていた。耳元で「宮脇先生、絶対に成功しませんから。私が保証します」と現地で意地悪くささやかれたことも宮脇には忘れられない。「花は咲かず、実は実らず、実ったとしても虫に食われて拾えない」と断言されたのだ。しかし、双眼鏡でよく見ると、5月、6月には花の咲いている高木があるのだ。結実している9月に木に登って揺らせば、羽子板の羽根のような種子が何千となく落ちてくる。それを発芽させるのである。宮脇はいつも思う。宮脇方式だなんておこがましい、自分はただ自然がやっている実験結果をみなさんに披露しているにすぎないのだ、と。

マレーシアの実験開始から2年たった92年、同様に、宮脇と三菱商事は、ブラジル・アマゾン地域で熱帯林再生プロジェクトをスタートさせ、こちらも既にビローラ（ニクズク科）、スマウマ（キワタ科）など10万本の植栽を行っている。

橋本良昭は会議室での出会いから5年ののち、宮脇が所長を務める国際生態学センターに出向となり、プロジェクトを推進していく立場になる。植林の旅に同行し、講演を企画する中で、改めて橋本は、会議室で一瞬にして感じた宮脇の強烈な個性と実際に顔を突き合わせることになったのだ。競争心が強く、ときに強烈な皮肉を言い、胃袋が異常なほどたくましい学者との付き合いは、刺激的と言うしかなかった。橋本は宮脇が「僕は自分のことを嫌う人はいないと思っているんだ」と言うのを聞いて驚愕したことがある。しかし、宮脇がそんなことを心底信じているのではなく、そういうふうに思おう、思おうとしているのだと、ほどなく気づいた。宮脇だって批判の声があることぐらい気づいているのだ。たとえ困難が頭に浮かんでも、何とかできる、何とかしよう、うまくいくに違いないと自己暗示をかけていく。常に前向きなのだ。橋本は、そんな宮脇がもし宗教家だったら、大教祖になっていたのではないか、と考える。いや、これは橋本のみならず、宮脇の周囲にいる人々の多くが異口同音に語った言葉でもある。社長、宗教家、大政治家――。つまり並はずれたカリスマ性を持った人間なのだ。それらはいわゆる学者のイメージとはほど遠いものでもある。そこに宮脇昭という人物のひとつの特徴があることは間違いないだろう。

60年代、奄美諸島を宮脇とともに踏査した大場達之は、宮脇をオーガナイザーだと評した。その言葉には、大場らしい皮肉も込められている。人付き合いが悪く、自分の研究だけに存分の時間を割いて追究し、最高レベルの完璧なものを自分の納得する形で出したいと願う大場にとっては、宮脇はある意味で自分の対極にいる学者だと映るのだ。大場はいま、千葉県の植物誌に取り組んでいる。ボランティアに手伝ってもらって２７００種類の千葉県下の植物を集め、そのすべてをたったひとりで直接スキャナーに取り込み図版化しようとしている。実に地道な作業を黙々と続けている。大場が求めるのは、社会的評価ではなく、あくまでも科学的評価なのである。70年代に大場が宮脇と袂《たもと》を分かったのはそんな理由からだった。

宮脇は、いまなお、ボルネオの熱帯雨林とアマゾンの熱帯林に毎年出かけている。ボルネオの植林ツアーで、宮脇は参加者に向かってこんなことを言い、笑いをとった。日本から「是非、みなさんもボルネオだけでなくアマゾンの植林にも参加してください。たった36時間ですから」

76歳の宮脇にとって、長旅と高温多湿がこたえないはずはない。仮に命を縮めようとも現場から離れようとはしない植物学者――。

宮脇は、２０００年、スペインに出発する直前、妻ハルから止められ、九死に一生を得ている。胆石がたまって体調が悪いにもかかわらず、宮脇は、マドリードで開かれる学会に出席すると言い張っていたのだが、ハルは何がなんでも旅行は阻止する覚悟だった。ハルは事前に医者に根回しし、検査入院だからと言って宮脇を連れ出して、軟禁状態にし、すぐに手術をしてもらった。切り取られた患部は、石の混じったタラコ状で、半ば溶けていた。以来、ハルはタラコが食べられなくなるのだが、それぐらい凄まじいものだった。もし手術せずにマドリードに向かっていたら、飛行機の中か当地で破裂し、間違いなく命を落としていた、と医者は断言した。医者は、「1週間で退院できます」と言ったが、ハルは「1カ月は絶対に出さないでください。退院したら、その日から飛行機に乗って北海道から九州まで駆け回る人なんですから」と懇請した。嘘をつくのは嫌だったが、宮脇の命には代えられないとハルは思っていた。ハルは念のために、と病室から宮脇の靴と予定表を黙って持ち出した。とにかく体を休めてほしいと熱願していたのである。

　宮脇昭は、いまなお調査と植林への情熱をまったく失っていない。現場で死ぬなら本望と本気で思っているのだろう。

エピローグ　新たな情熱と狂気

本気になってできないことはない。本気で登れ

高低差50メートルほどの土取り場として山を削ったボタ山のような山に男7人で登る。土がむき出しの荒涼とした残土を盛ったような低い山だ。福井県武生《たけふ》市《し》の板橋興宗が住職を務める御誕生寺の裏山である。この裏山を鎮守の森にするため、宮脇昭、板橋興宗、それに植林の現場を仕切る前田文和と鈴木正幸、そして、現地の土木業者と造園業者がこれに加わり、現地調査を行っていた。板橋はこの殺風景な景観を横浜の總持寺でやったのと同じように封じ込めようとしている。

越前武生は、總持寺開山、瑩山禅師の誕生の地で、ここに寺を建てることは板橋の念願だった。しかし、浄財の寄進を申し出た篤志家が急逝、寺の造営規模は計画の10分の1以下に縮小される。それでも板橋は、伽藍《がらん》はなくてもまずは森をつくるべきだ、と気

持ちを固める。伽藍は自分でなくても誰かがやってくれる。森づくりは、自分にしかできない、と思ったからだ。

中腹までは蛇行した獣道《けものみち》を登るのでまったく苦労はない。しかし、山の斜面の角度は50度を超えているだろう。こんな急斜面にはたして森がつくれるのだろうか、という疑問がわいてくる。その思いは、現地の土木業者にとってはより切実なようで、盛んに宮脇に質問を浴びせかけている。言葉の端々に、どうやってもここに森をつくるなんて不可能じゃないか、という抗議の匂いが漂っている。表情に疑問と不満があふれている。

現地の造園業者も冷ややかだ。この山にいったいどうやって木を植え育てるのだ、と言葉には出さないが、明らかに腰が引けているのである。ともにそれなりの経験と知識を持っているからこそ、余計にそう思うのだ。

僕は宮脇に気づかれないよう、前田にそっと訊いた。

「前田さん、四国の野村ダムの斜面はどれぐらいでした？」

野村ダムの堤防脇に宮脇がつくった森もかなりの傾斜角度だったのだ。

すると前田は困ったような顔をして、

「45度ぐらいじゃないですか」

と答えた。前田もまた、これまでの現場に比べると容易ではないことを見てとっていたのである。
ここのボタ山もどきの山の問題は、急斜面だけではなかった。土が悪い上に、場所によっては岩盤がむき出しになっているのだ。けれども、宮脇は絶対的な自信を持っている。

そんな宮脇を知っているからこそ、前田と鈴木は、具体的にどうすれば木が植わるかを真剣に考えている。ふたりはすでに無理だと思われるところにも植え、そこを森に変えてきた。だから、現実として考える。宮脇から出された処方箋を現場でフレキシブルに使いこなすのが前田たちだった。

現地の土木業者は首をひねり、半時間たってもまだ宮脇の言葉を信じていない。宮脇は、これまでの実績を言ったり、混植密植の方法を言ったりするが、それも素通りだ。宮脇の口調はだんだん強くなり、土木業者に迫る。そして、ふっと力を抜き、少しおだてる。こんなことをさらに20分も繰り返しただろうか。

そして、ようやく、具体的にどう植えるかということになる。斜面を削り、傾斜をゆるやかにして植えるためには、と巻き尺で斜面の距離を測ることになった。

急斜面にはほとんど草も生えていない。つかまるもの滑り止めになるものがないのだ。宮脇は土木業者にその斜面を登れと命じた。周囲の誰もが、

「無理です、先生」

と言った。宮脇は、

「本気になれば登れる。登れ！」

と投げ返す。

土木業者が斜面に張りつく。しかし、登っても登っても滑り落ちてくる。ついには、下で巻き尺を持つ僕と和尚を除いた全員が登り、ズルズルと滑り落ちては登るということを繰り返し始める。斜面の土はちょうど表層雪崩《なだれ》のように滑り流れてくる感じだ。この角度と滑る斜面ではどう考えても上に行くのは無理だとしか思えない。

しかし、それでも宮脇の容赦《ようしゃ》ない声はやまない。

「本気になってできないことはない。本気で登れ！」

すると、その怒声に押されるかの如く、みんな少しずつ上へ上へと上がるようになったのだ。それはまったく信じられない光景だった。おそらく、宮脇が叱咤しなければ、2メートルだって登れなかった。

そうやって急斜面を10メートルも登り、無事計測を終えた。

これこそが宮脇昭の力だった。

宮脇の頭の中には、青々とした生命力あふれる魂の森がこのボタ山もどきの切り土斜面で繋っているイメージが浮かんでいるのだ。そのイメージに向かってひたすら疾駆する。

そして実際、1年後にはこの荒れ山には苗が植えられ、10年後には本当に鬱蒼《うっそう》と木々が繁る魂の森になっているのだろう。

ドイツの原野ではいくら見ようとしても見えなかった森が、いまや宮脇には容易に思い浮かべられる。

宮脇昭の目には、シイノキ・タブノキ・カシノキが一年中繁る、ふるさとの木によるふるさとの森がはっきりと見えていた。

＊

2003年6月7日から1週間にわたって、イタリア・ナポリの国際会議場で第46回国際植生学会が開催された。会議の関連エクスカーションで、宮脇昭は他の学者たちとともにベスビオ火山の麓《ふもと》の街エルコラーノを訪れた。西暦79年のベスビオ火山の大爆発でポンペイと同じく大量の市民を失った海辺の街である。ポンペイは溶岩や火砕流で一瞬にして消えたが、エルコラーノの市民の多くは海岸に向かって逃げたため、津波に呑み込まれた。これにより、紀元前4世紀頃よりおよそ500年にわたって繁栄を続け、そのピークを迎えていた市民の生活は一瞬にして溶岩流、火山灰に埋まった。

18世紀に発掘が始まったポンペイから遅れること200年、エルコラーノでも最近になって発掘調査がスタートした。ポンペイと同じくエルコラーノでも、溶岩によって街全体が「真空パック」されたことで、当時の生活がそのまま再現した。家も、道も、石灰化した人間も、壺も、絵画も、ほぼ当時のままの形で現出した。

宮脇は、エルコラーノで改めてひとつのことを感じていた。この時代以降、およそ2000年間、実は人間は間違ったことしかやってこなかったのではないか、ということである。

街には大衆浴場もあり、芸術も栄えていた。売春宿も、ワインもあった。上下水道だって完備されていた（下水は完全ではなかったが）。そこではすでに過不足ない豊かな生活が営まれていたのである。古代の街は、偽物の材料を使って作られた無機的な日本のニュータウンの何十倍も素晴らしかった。電気も使わず、太陽と月とともに暮らし、一切ケミカルなものを用いない時代と現代――。はたしてどちらの時代が進んでいると言えるのだろう。一神教の時代になる前と宗教がもとで起こる闘争の時代と、どちらが人間にとって幸せなのか。2000年の間、人類は本当に発展してきたのだろうか――。エルコラーノを歩きながら宮脇はそう痛感していた。

そして、宮脇はこう嘆息をもらすのである。

結局、人間は、究極まで、土壇場まで、突き進んでいかないと気がすまない生物なのだろう――。

イタリアから帰国した宮脇昭は、またすぐに、計り知れぬ情熱と狂気を抱え、新たな森づくりにとりかかり始めた。

あとがき

3年前、初めて宮脇先生にお会いしたときのインパクトが忘れられない。

小学館の教育専門雑誌でエコロジー関係の識者へのインタビュー連載をしていたときにご登場願ったのが最初の出会いだったのだが、それまで連載に登場いただいた方の中でもひときわ光彩を放っておられるひとりだったのだ。それは書物だけに埋もれている学者にはない、何か前面に押し出されてくる強烈な個性というかエネルギーというか——。

実際にインタビューをスタートさせてみると、とにかく話すスピードが速く、始まってすぐに内容をつかまえるのに必死という状態に陥る。

なんとかインタビューを終えると、やたらと自分の頭の回転が速くなったかのように感じていた。先生の話についていこうとフル回転で頭を働かせていたからである。

横浜の先生の研究室から東京の仕事部屋に戻って来てからさらにまた驚いた。MDを起こし始めると、まるで主音声と副音声があるかのように、インタビュー中には拾えなかった言葉がびっしりとつまっていたのだ。1時間余のインタビューだったが、普通の人の倍ぐらいの言葉が埋め込まれていたのである。しかも抜群に濃くて深い言葉が。

その強烈なインパクトが再び先生にお会いしたいと思う原動力だった。

インタビューから2年が過ぎた2002年秋、僕は先生を訪ね、少し長いものを書かせていただけないか、とお願いし、この企画はスタートした。

教育専門誌でインタビュー連載を始めたのは、１９９7年のことだ。月にひとり、どこに住むどんなジャンルの人でもいいからインタビューして4ページの記事を書くという自由でありがたい企画だった。物理学者、生態学者、陶芸家、わさび生産者、炭焼き人、漁師、豆腐店店主、料理研究家、歴史家、植木職人などなどさまざまなジャンルの人々約70人にお話をうかがった。インタビューといっても、僕はただ諸先輩たちのお話に聞き入るだけで、まあ言ってみれば教養講座のようなものだった。彼らの言葉に共通していたのは、いまの日本の、あるいは世界の状況をまるで楽観していないということだった。そうやって5年余にわたって彼らから投げかけられた珠玉の言葉は着実に僕の体に染み込んでいたようで、僕自身の生活は大きく変わっていった。嗜好が変わり、食生活が変わり、生活様式が変わった。あとから思えば、それはちょうど、経済、社会、環境などすべてのものが大きな弧を描いて「戻るべき場所」を本気になって探し始めた時期とも軌を一にしている。

まず僕は大好きだったクルマを手放した。20年以上続けてきたクルマを持つ生活をやめてみたのだ。やめた当初、ちょうどタバコをやめたときと同じような禁断症状に陥ったが、半年もするとおさまった。そして、タバコをやめたあとと同じように、吸う側（乗る側）にいたときには見えなかったもの、気づかなかったことが見えてきた（もちろんその一方である種の郷愁は拭いがたくあるわけだが）。たとえば、クルマの社会的負担、環境への思っていた以上の負荷の大きさである。

いくつか、はっきりしていることがある。

ひとつは、この１００年（産業革命以降というのであれば約２５０年近く）の間、ブレーキを一切使わず突っ走り続けてきた人間が、ようやくいま、ブレーキに手をかけ始めたということ。そして、今後１００年足らずの間に、現在の「シャロー・エコロジー」は「ディープ・エコロジー」へと向かい、「ストックを使う生活」は「フローを利用する生活」へと基本的にはゆるやかに、そしてときに劇的に、変化していくだろうということだ。いや、変化していかざるをえないのだ。もっとも、先のインタビューをさせていただいた先生方の中には、かなり悲観的な見方もあって、人類はあと80年で一度人口爆発し、クラッシュして大半がいなくなる、とおっしゃる方もいた。それはともかく、宮脇先生にいきついた理由のひとつには、そんな自分自身の中の変化、志向もあったのだと思う。

インタビューさせていただいた70人の中でもとりわけインパクトの強かった宮脇先生に、本書のためのロングインタビューをお願いしたとき、先生は「まだ私は書かれるには早すぎる」とおっしゃった。まだ過去を振り返る時期ではない、と。先生らしい物言いだった。けれども、僕はいまこの時期に出すことが重要だと思い、執拗にお願いした。もちろん先生はいまも矍鑠《かくしゃく》とされているし、世界中をお忙しく飛び回っていらっしゃるわけだが、74歳（現在は76歳）で早すぎることはないだろうという思いが僕にはあった。先生のもとにはもうすでに同様の話が何本も来ていて、断わり続けていたらしい。「本気で取り組んでいただけるなら協力します」と先生から睨みつけるように言われ、なんとかＯＫをいただき、横浜通いはスタートする。

その日のインタビューを終えてすぐに「今週はあと何回お時間いただけますか」とたたみかける僕に、「あなた、意外とがめついですね。でもそれぐらいじゃないとダメだ」と先生はスケジュール帳を開いてくれた。旅先でもしつこくつきまとい、無知な質問を繰り返す僕に先生は嫌な顔ひとつせず解説してくれた。

1年あまり根気よくおつき合いいただいたことに心より感謝します。ありがとうございました。

取材の裏話も少しだけ書いておこう。

原稿がほぼ書き上がった頃、テレビ局に勤める友人から「取材費はどこから出るの？」と訊かれた。僕が「取材費なんて1円も出ないよ。自腹。ボルネオに行ったのも全部」と答えると、その友人は本当に驚いた顔をしていた。取材費どころか、当初、本書はどこの出版社から出すかも決めていなかった。

完成原稿をいきなり提出するつもりで取材を始めていたのだ。しかも、最初に「読ませてほしい」と申し出てくれた高校の後輩編集者の奮闘もむなしく、彼の勤める出版社では「営業的に厳しい」という上司の一言でボツにされてしまったのである。しかし、人の縁はおもしろい。実は、次に読みたいと言ってくれた編集者が、80年頃、慶応義塾大学でたまたま宮脇先生の講演を聴いていたのである。しかも先生の言葉に強烈な印象を受けたようで、講演の断片までも覚えていた。三田キャンパスにはいまもそのときに植樹した森があるらしい。彼は積極的にこの作品を刊行したいと言ってくれた。それが本書の担当編集者、集英社インターナショナルの高田功氏である。彼の環境問題に対する意識は僕とは比べものにならないぐらい高く、97年の地球温暖化防止京都会議にも参加しているし、慶応を卒業したあとアメリカの大学で環境学を学び学位も取っている。余談だが、近くその高田氏が環境サイトを立ち上げる予定なので（僕も参加するつもり）、是非覗《のぞ》いてほしい。ユニークなサイトとなるはずだ。

熱い情熱で出版まで導いてくれた高田功氏には心から感謝します。もちろん最初に小学館の木村順治氏が宮脇先生へのインタビューの機会を与えてくれなければこの本は生まれなかった。ありがとうございました。

本書は僕にとって9冊目のノンフィクションだ。これまでの8冊の本があったからこそ、ここまで辿り着くことができた。9冊の本に手をさしのべ、ともに歩いてくださった編集者の方々、友人たち、保谷と津山に住む4人の父母に深く感謝します。

２００4年1月　　一志治夫

宮脇 昭（みやわき・あきら）
横浜国立大学名誉教授、(財)国際生態学センター研究所長
1928(昭和3)年1月29日、岡山県生まれ。広島文理科大学生物学科卒。横浜国立大学環境科学研究センター教授、同センター長などを経て現職。前国際生態学会長。国内各地はもちろん、マレーシア・ボルネオ、インドネシア、ブラジル・アマゾン、さらに中国、モンゴルなどに何度も出かけ、現在も精力的に森づくりに邁進する。著書に『日本植生誌』(全10巻、至文堂)、『植物と人間』(NHKブックス)、『鎮守の森』(新潮社)など。

●参考文献

『植物と人間』宮脇昭（ＮＨＫ出版）

『森よ生き返れ』宮脇昭（大日本図書）

『緑環境と植生学』宮脇昭（ＮＴＴ出版）

『鎮守の森』宮脇昭・板橋興宗（新潮社）

『緑回復の処方箋』宮脇昭（朝日新聞社）

『緑の証言　滅びゆくものと生きのびるもの』宮脇昭（東京書籍）

『日本植生誌　全10巻』宮脇昭編著（至文堂）

『植生地理学』シュミットヒューゼン著　宮脇昭訳（朝倉書店）

『明治神宮境内総合調査報告書』明治神宮境内総合調査委員会（明治神宮社務所）

『ディープ・エコロジー』アラン・ドレングソン　井上有一共著（昭和堂）

『鎮守の森は泣いている』山折哲雄（ＰＨＰ）

『スローイズビューティフル』辻信一（平凡社）

『地球環境報告』『地球環境報告II』石弘之（岩波新書）

『経済成長がなければ私たちは豊かになれないのだろうか』ダグラス・ラミス（平凡社）

『ゲランドの塩物語』コリン・コバヤシ（岩波新書）

『私のエネルギー論』池内了（文春新書）

『木を植えた男』ジャン・ジオノ　寺岡襄訳（あすなろ書房）

『なぜ世界の半分が飢えるのか』スーザン・ジョージ小南祐一郎・谷口真里子訳（朝日選書）

『世界の森林破壊を追う』石弘之（朝日選書）

『月刊ＷＷＦ』（ＷＷＦジャパン）

『敵を作る文明　和をなす文明』川勝平太　安田喜憲（ＰＨＰ）

一志治夫《いっしはるお》

ノンフィクション作家。1956年生まれ。早稲田大学教育学部社会科学専修中退。

1994年、『狂気の左サイドバック』（小学館）で、第1回小学館ノンフィクション大賞を受賞。

主な著書に『デッドヒートは終わらない』（講談社）、『前へ、前へ』（幻冬舎）、

『たったひとりのワールドカップ』（幻冬舎）、『僕の名前は。』（講談社）など。

魂の森を行け《たましいのもりをゆけ》

3000万本の木を植えた男の物語《さんぜんまんぼんのきをうえたおとこのものがたり》

2004年2月10日　第1刷発行
2004年3月　8日　第2刷発行

著　者　一志治夫《いっしはるお》
発行者　島地勝彦
発行所　株式会社集英社インターナショナル
〒101-8050　東京都千代田区一ツ橋2-5-10
電話［出版部］03-5211-2632
発売所　株式会社集英社
〒101-8050　東京都千代田区一ツ橋2-5-10
電話［販売部］03-3230-6393　［制作部］03-3230-6080
造本・装丁者　妹尾浩也（イオル）
印刷・製本所　大日本印刷株式会社

定価はカバーに表示してあります。

ISBN4-7976-7115-7 C0061